Stéphane Etrillard

Mit Souveränität zum Ziel

Stéphane Etrillard

Mit Souveränität zum Ziel

Wie Sie im Beruf durch souveräne
Gespräche überzeugen

Bibliographische Information der Deutschen Nationalbibliothek
Die Deutsche Nationalbibliothek verzeichnet diese Publikation in der
Deutschen Nationalbibliografie; detaillierte bibliografische Daten
sind im Internet über http://dnb.d-nb.de abrufbar.

ISBN 978-3-86936-838-2

Lektorat: Susanne von Ahn, Hasloh
Umschlaggestaltung: Martin Zech Design, Bremen | www.martinzech.de
Titelfoto: ASDF Media/Shutterstock
Autorenfoto: Gabi Peto, Tel Aviv
Satz und Layout: Lohse Design, Heppenheim | www.lohse-design.de
Druck und Bindung: Salzland Druck, Staßfurt

Printed in Germany

www.gabal-verlag.de
www.facebook.com/Gabalbuecher
www.twitter.com/gabalbuecher

Inhalt

Vorwort

Zumindest insgeheim wissen wir es längst: Die fachliche Qualifikation allein entscheidet schon lange nicht mehr über den Erfolg eines Menschen. Vielmehr sind es die persönliche Ausstrahlung und ein souveränes Auftreten in Gesprächen, Diskussionen und Verhandlungen, die den gesamten Verlauf einer Karriere maßgeblich mitbestimmen. Wer im Business Sicherheit und Kompetenz ausstrahlt und auch dann souverän handelt, wenn sich die Ereignisse überstürzen, schwierige Entscheidungen gefragt oder heikle Gespräche zu führen sind, sammelt die entscheidenden Punkte. Und nur wer einen souveränen Auftritt aufs Parkett legt, strahlt Sicherheit und Vertrauenswürdigkeit aus und überzeugt schon durch die Art und Weise, wie er an Aufgaben herangeht und sie schließlich meistert. Für die eigene Karriere bringt das etliche Vorteile mit sich.

Im Privaten ist es nicht viel anders: Auch hier kommen wir nicht umhin, auf uns aufmerksam zu machen, wenn wir unsere Ziele erreichen und andere Menschen für uns einnehmen wollen. Es kommt darauf an, dass andere Menschen von uns Notiz nehmen, dass sie unsere Ideen hören und erfahren, was wir können und geschafft haben, wer wir sind, wofür wir stehen und was uns wichtig ist – zumindest dann, wenn wir nicht ständig den Kürzeren ziehen wollen.

In beiden Fällen kommen wir mit Souveränität zum Ziel. Denn wie wir von anderen Menschen wahrgenommen werden, hängt von unserem gesamten Auftreten ab. Das Gute daran ist: Wir brauchen das Feld nicht anderen zu überlassen. Vielmehr haben wir es selbst in der Hand und können unseren Auftritt optimieren. In diesem Buch beschreibe ich deshalb, was ein souveränes Auftreten ausmacht und wie jedermann seinen Souveränitätsfaktor deutlich steigern kann.

Wie sich zeigt, spielen hierbei die Kommunikation und der bewusste Einsatz der eigenen Persönlichkeit eine erhebliche Rolle. Mit dem richtigen Wissen und etwas Übung können Sie die Interaktion mit anderen Menschen viel bewusster gestalten und gezielter auf Ihre Gesprächspartner einwirken. Sie können Ihre persönliche Überzeugungskraft in Gesprächen und in Ihrem gesamten Auftreten deutlich steigern und sich besser Gehör verschaffen, Missverständnisse und unnötige Konflikte vermeiden und Zielsetzungen effektiver erreichen. Und das gibt Ihnen in nahezu allen beruflichen und privaten Situationen die Möglichkeit, sich von der Masse positiv abzusetzen. Schon damit ist sehr viel erreicht.

Viele Menschen wissen nicht, was ein souveränes Auftreten ausmacht, oder verwechseln Souveränität mit Überheblichkeit, was sogar noch fatalere Auswirkungen hat. Denn wer lediglich etwas unbeholfen ist, kann ganz einfach hinzulernen und an seiner Persönlichkeit arbeiten – passende Ansätze dafür gibt es genug, wie Sie später noch lesen werden. Wer jedoch Souveränität mit Großspurigkeit verwechselt, hat nicht nur eine Wissenslücke, sondern ist vermutlich unbelehrbar (und wird ein Buch wie dieses wohl leider auch nicht lesen).

Letztlich geht es darum, die eigene Persönlichkeit zu nutzen und gezielt einzusetzen – und keineswegs darum, die eigene Persönlichkeit zu verbiegen oder sich Verhaltensweisen anzutrainieren, die nicht zu einem passen. Auf dieser Grundlage und mit dem nötigen Fachwissen ist jeder Mensch dazu in der Lage, mehr persönliche Souveränität zu entwickeln, und kann davon in seinem Leben spürbar profitieren.

Sie können zum Beispiel lernen, wie Sie mit den Mitteln der Diplomatie heikle Situationen entschärfen und Ihre beruflichen Beziehungen zielgerichtet gestalten, wie Sie im Beruf souverän und überzeugend kommunizieren und die eigene Reputation durch ein souveränes Auftreten nachhaltig verbessern und dabei Glaubwürdigkeit ausstrahlen und Vertrauen gewinnen. Außer dem Fachwissen brauchen Sie dafür vor allem die Entschlossenheit, das neue Wissen tatsächlich anzuwenden. In der Praxis kann das für Sie heißen, sich selbst immer wieder daran zu erinnern, dass Sie nicht in alte Gewohnheiten verfallen, sondern sich die Methoden einer souveränen Kommunikation gezielt ins Bewusstsein rufen – und dann bewusst nutzen. Damit werden Sie souveräner auftreten und schaffen die beste Ausgangsposition für den beruflichen Erfolg – und bereichern zudem Ihr privates Leben.

Natürlich geht es zumeist darum, Türen für die gewünschte Karriere zu öffnen: Ein gewinnendes Auftreten ist nun einmal vielfach der entscheidende Karrierefaktor – doch eben nicht nur das. An persönlicher Souveränität zu gewinnen bedeutet, insgesamt bewusster zu leben. Wenn Sie beginnen, Ihre Persönlichkeit bewusst einzusetzen, schärft das Ihre gesamte Wahrnehmung, was dazu führt, dass sich Ihnen ganz neue Perspektiven eröffnen.

Ich kann Sie daher nur dazu ermutigen, in Ihre Persönlichkeit zu investieren. Sie ist das Wertvollste, das Sie haben, und gleichzeitig der beste Ansatzpunkt, wenn Sie souveräner auftreten und mehr erreichen wollen.

Viel Freude beim Entdecken der zahllosen Möglichkeiten wünscht Ihnen

Ihr
Stéphane Etrillard

Souveränität ist heute so gefragt wie nie

Unbestritten steht ein souveränes Auftreten hoch im Kurs. Doch was macht eine solche Souveränität aus? Woher kommt sie? Was untergräbt Souveränität? – Und vor allem: Wie kann jeder Einzelne mehr persönliche Souveränität gewinnen? Antworten auf diese Fragen zu finden, ist gerade in Zeiten des Umbruchs, des kontinuierlichen Wandels und der zunehmenden Komplexität von besonderer Bedeutung. Denn in einer komplexen Welt ist das eigene Selbst die verlässlichste Konstante und die Basis für ein souveränes Auftreten, Entscheiden und Handeln. Und das ist vielfach der Schlüssel sowohl zum privaten als auch zum beruflichen Erfolg.

Was ist Souveränität?

Ein souveräner Mensch ist in der Lage, sein Denken und Handeln eigenverantwortlich und selbstbestimmt zu gestalten. Er lebt sein Leben, ohne sich von Fremdbestimmungen beherrschen zu lassen, und agiert dabei mit einem gesunden Maß an Sicherheit und Gelassenheit. Er bewahrt sich seine Entscheidungsfreiheit und ist sich zugleich der Fremdeinflüsse bewusst, denen jeder Mensch unterliegt. Er verfügt über ein ausgeprägtes Selbstwertgefühl und ausreichend Selbstvertrauen, um schwie-

Sicherheit und Gelassenheit

rige Phasen und Herausforderungen des Lebens zu bewältigen. Die Gewissheit darüber ermöglicht es ihm, sich Risiken zu stellen, für die andere Menschen vielleicht nicht genug Courage oder Selbstsicherheit aufbringen. Denn er braucht keine Angst davor zu haben, zu versagen, da er aufgrund seiner Souveränität auch Verunsicherungen und Schwierigkeiten eingestehen kann. Es fällt ihm nicht schwer, sich Hilfe zu suchen, wenn er sie braucht, ohne an einem falschen Stolz festzuhalten.

Ein souveräner Mensch kann sowohl seinen Mitmenschen als auch den unterschiedlichsten Situationen aufgeschlossen gegenübertreten, statt sich von ihnen abzugrenzen, wie es dem arroganten Charakter eigen ist. Und gleichzeitig ist er sich bewusst, dass eine stetig wiederkehrende Selbstreflexion notwendig ist, um das eigene Denken und Handeln kritisch zu hinterfragen.

 Souveränität bedeutet, das eigene Denken und Handeln eigenverantwortlich und selbstbestimmt zu gestalten.

Souveränität kommt von innen Diese Beschreibung zeigt zunächst zweierlei: Souveränität ist kein von außen gegebenes Geschenk, sie kommt von innen; sie erfordert Arbeit an der eigenen Persönlichkeit, und genau deshalb ist nahezu jeder Mensch in der Lage, souveräner aufzutreten. Außerdem wird schnell klar, dass persönliche Souveränität eine stabile Basis für jede Art von Erfolg ist. Das gilt gerade für Zeiten des Umbruchs und der Unsicherheit, in denen sich die Menschen nach Verlässlichkeit und Konstanten sehnen. Genau dafür stehen souveräne Persönlichkeiten. Deshalb lohnt es sich für jeden, die persönlichen Kompetenzen auszubauen und zu stärken, um so an Souveränität zu gewinnen.

Das souveräne Ich

Souveränität ist ohne selbstbestimmtes Entscheiden und Handeln nicht denkbar. Doch wir alle erleben immer wieder, dass äußere Umstände, berufliche und familiäre Anforderungen sowie durchgetaktete Tagesabläufe echte Selbstbestimmung kaum noch möglich machen. Zumindest erscheint es uns vielfach so. – Wir fühlen uns fremdgesteuert und sind es vielfach auch. Doch permanente Fremdsteuerung steht im Widerspruch zu einer souveränen Persönlichkeit. Souveränität bedeutet, gerade in Anbetracht zahlreicher Verpflichtungen und anderer Zwänge, das Ruder eben nicht aus der Hand zu geben. – Das kann gelingen.

Eine wesentliche Bedingung für persönliche Souveränität ist ein klares Bewusstsein sowohl über das eigene Handeln als auch über die individuellen äußeren Einflussfaktoren.

Ohne eine klare Kenntnis der inneren und äußeren Einflussfaktoren ist selbstbestimmtes Agieren unmöglich. Persönliche Souveränität basiert also auf dem Bewusstsein darüber, wer wir selbst sind, was wir wollen, wie wir es erreichen und wie wir all dies mit den äußeren Einflussfaktoren in Einklang bringen können. Genau das ist allerdings kein einmaliger, sondern ein kontinuierlicher Prozess. Und weil längst nicht alle Menschen die Bereitschaft zur kontinuierlichen Selbstreflexion mitbringen, bleibt persönliche Souveränität jenen Menschen vorbehalten, die sich nicht scheuen, einen klaren Blick auf sich selbst zu werfen. Das macht persönliche Souveränität so kostbar und insbesondere aus Sicht Dritter so attraktiv.

Im Einklang mit sich selbst

In der Praxis wird der Begriff Souveränität oftmals falsch verstanden. Und manchmal sind wir überzeugt davon, überaus souverän aufzutreten und ebenso zu wirken, während sich unser Gegenüber ein ganz anderes Bild von uns macht. Souveränität wird allzu leicht verwechselt mit Überheblichkeit, Selbstprofilierung

Arroganz ist keine Souveränität

und sogar autoritärem Verhalten. – All dies ist echte Souveränität natürlich nicht. Allerdings erfordert Souveränität sehr wohl ein ausgeprägtes Selbstbewusstsein, jedoch im ursprünglichen Sinne des Wortes.

Es geht also darum, sich des eigenen Ichs mit allen Facetten tatsächlich bewusst zu werden. Ein solches Selbstbewusstsein ist eine Vorbedingung für eine souveräne Ausstrahlung. Erst wenn wir unsere Stärken und Schwächen wirklich kennen, wenn wir wissen, was wir wollen und was nicht, und zugleich zutreffend einschätzen können, wie wir die eigene Persönlichkeit am besten nutzen können – um beispielsweise persönliche Ziele zu erreichen –, sind wir uns unseres Selbst bewusst.

Fragen Sie sich also ganz ehrlich, wie Sie sich selbst sehen, was Ihre Stärken und Schwächen sind, und fragen Sie andere (am besten gute Freunde), wie Sie auf sie wirken. Häufig leben wir mit einem verzerrten Selbstbild, das nicht der Realität und nicht dem Fremdbild, das andere sich von uns machen, entspricht. Versuchen Sie, sich beider Faktoren bewusst zu werden und sie möglichst in Einklang zu bringen. Das verhilft Ihnen zu mehr Natürlichkeit und Echtheit in Ihrem Auftreten.

Souveränität heißt konsequente Integrität

Letztlich wird all das, was eine starke Persönlichkeit und ihre Ausstrahlung ausmacht, in dem Begriff der persönlichen Souveränität vereint: Eigenschaften wie Selbstbestimmung, Verantwortungsbewusstsein, Sicherheit und Gelassenheit, ein gutes Selbstwertgefühl und ein ausgeprägtes Selbstbewusstsein sowie Respekt und Aufgeschlossenheit gegenüber anderen Menschen sind grundlegende Merkmale souveräner Menschen. Persönliche Souveränität zeigt sich in einer konsequenten Integrität, also in der Ausrichtung der eigenen Lebensführung an den persönlichen inneren Wertvorstellungen. Auch das erfordert wiederum ein klares Selbstbewusstsein. Denn wer nicht weiß, wer er ist, welche Werte gelten und welche Lebensführung die individuell passende ist, kann sich nicht entsprechend ausrichten und auf den eigenen Weg fokussieren.

Persönliche Souveränität geht darüber hinaus mit einem hohen Maß an sozialer Kompetenz einher. Souveräne Menschen strahlen Verbindlichkeit und persönliches Engagement aus, wissen, was sie wollen und wie sie es erreichen können. Ihre Unverstelltheit vermittelt anderen Menschen Vertrauenswürdigkeit, und ihre soziale Kompetenz beeinflusst ihr gesamtes Kommunikationsverhalten. Das hat einen großen Einfluss auf das persönliche Umfeld: Denn unter solchen Bedingungen fällt es den Mitmenschen ebenfalls leichter, sich ihrerseits aufgeschlossen zu zeigen, den Argumenten und Botschaften offen zu begegnen und sich überzeugen zu lassen.

Echte Persönlichkeiten sind nicht vollkommen, sondern haben ihre Ecken und Kanten.

Wahre Souveränität erfordert Natürlichkeit (also das Gegenteil von einem aufgesetzten Verhalten). Das stärkt die eigene Glaubwürdigkeit ebenso wie die Überzeugungskraft und hinterlässt obendrein einen nachhaltigen Eindruck. Alle gekünstelten Verhaltensweisen dagegen verhindern Souveränität. Deshalb sind souveräne Menschen bereit, ihre Schwächen zu zeigen und ihre Ängste und Zweifel zu akzeptieren. Niemand ist vollkommen und es ist ein Irrglaube, anderen permanent Vollkommenheit suggerieren zu müssen. Tatsächlich sind es doch oft die kleinen Unzulänglichkeiten und Eigenarten, die von anderen positiv aufgefasst werden – und zwar dann, wenn man zu den eigenen Ecken und Kanten steht, anstatt sie zu kaschieren.

Wahre Souveränität erfordert Natürlichkeit

Äußere Einflüsse erkennen und hinterfragen

Der persönlichen Souveränität geht immer ein (Selbst-)Erkennt-
nisprozess voraus. Das Ziel jeder Selbstreflexion ist es, sich
selbst und die eigenen Handlungen zu verstehen und echte Einsichten über die wesentlichen Aspekte der eigenen Persönlichkeit zu erlangen. Sie können sofort damit beginnen. Indem Sie
sich zum Beispiel selbst im Alltag und im Kontakt mit anderen
Menschen beobachten und sich fragen, warum Sie sich so verhalten, wie Sie es beobachtet haben. Hilfreich ist es, sich im Rahmen dieser Selbstbeobachtung zu vergegenwärtigen, was man
selbst denkt und fühlt, was einen antreibt oder ausbremst, wer
oder was einen beeinflusst, was man tatsächlich will und was einem fehlt.

Aufrichtig sich selbst gegenüber Ein wichtiger Punkt dabei ist absolute Ehrlichkeit zu sich selbst.
Denn niemand hat nur gute Seiten, niemand macht alles rich-
tig, niemand ist frei von Schwächen und Unzulänglichkeiten.
Die Selbstreflexion führt nur dann zu echten Resultaten, wenn
Sie aufrichtig sind gegenüber sich selbst. Nur so kommen Sie zu
echten Einsichten über Ihre Persönlichkeit und können Schlussfolgerungen daraus ziehen, die Sie weiterbringen.

Wesentlich bei der Selbstreflexion ist die Frage: Wer oder was beeinflusst mich in meinem Denken, Fühlen und Handeln?

Die äußeren Einflüsse, die auf uns wirken, sind vielfältig und entziehen sich leicht unserer Wahrnehmung. In vielen Situationen kann man ohne Weiteres gar nicht sagen, ob eine Entscheidung oder ein Verhalten tatsächlich unabhängig vollzogen oder von äußeren Einflüssen bestimmt wurde. Wir glauben zwar vielfach, souverän und unabhängig zu handeln, werden jedoch häufig von unterschiedlichsten Einflüssen, Verhaltensmustern und Prägungen geleitet.

Hinzu kommt: Alle Menschen wünschen sich gemeinschaftliche Zugehörigkeit. Deshalb neigen wir zur Konformität, also dazu, uns den Menschen in unserer Umgebung anzupassen. Sogar dann, wenn die Anforderungen des Umfelds unseren eigenen Bedürfnissen widersprechen. Unser soziales Umfeld prägt uns meist so sehr, dass wir unser Denken, Fühlen und Handeln danach ausrichten, was innerhalb unserer Gemeinschaft üblich ist. Auch hier prüfen wir häufig nicht, ob dieser Einfluss uns fremdbestimmt oder ob er zu unserer Persönlichkeit passt.

Der Konformitätsdruck ist groß

Das kann mitunter weitreichende Folgen haben. Ein klassisches Beispiel ist die Wahl eines Berufes aus reiner Familientradition oder weil ein bestimmter Beruf Sicherheit zu versprechen scheint. Als Folge üben etliche Menschen Berufe aus, die ihnen weder Freude machen noch zu ihnen und ihren individuellen Stärken passen. – Oder wir treffen Entscheidungen, die zwar vernünftig erscheinen mögen, jedoch unseren inneren Überzeugungen widersprechen. Als Folge müssen wir mit Entscheidungen leben, die unserem Selbst widerstreben.

Die Auswirkungen von Fremdbestimmungen können also folgenreich sein, da die Kluft zwischen dem Selbst und den äußeren Einflüssen groß sein und zugleich elementare Fragen des Lebens betreffen kann. Äußere Einflüsse sind natürlich nicht per se schlecht. Wichtig ist jedoch, dass wir sie als solche erkennen, um selbst souverän entscheiden und handeln zu können. Wenn uns das gelingt, bringt das für unser Leben zahlreiche Vorteile mit sich.

Souveränes Auftreten als Karrierefaktor

Was vielen nicht bewusst ist: Der berufliche Erfolg eines Menschen hängt wesentlich davon ab, welche persönliche Wirkung er auf andere Menschen erzielt. Das gilt tatsächlich für jeden Beruf – vom Handwerker über die Bürokraft bis zum Manager oder Unternehmer. Der Grund dafür ist plausibel: In allen Fällen stehen wir in Kontakt mit anderen Menschen (zu Kollegen, Vorgesetzten, Kunden, Mitarbeitern), die zumindest ab einem gewissen Punkt unseren Karriereverlauf maßgeblich beeinflussen.

Wir werden ständig beurteilt Bei all diesen Kontakten werden wir, ob wir es wollen oder nicht, von anderen beurteilt. Wir werden als kompetent oder weniger kompetent, als geeignet oder weniger geeignet eingestuft. Und je nachdem, wie diese Beurteilungen ausfallen, stehen uns weitere Türen offen oder sie werden uns verschlossen.

Heute, im Zeitalter der Kommunikation, bestehen längst keine Zweifel mehr, dass der berufliche und somit auch der wirtschaftliche Erfolg in engem Zusammenhang mit der Persönlichkeit steht. Das gilt für alle Berufstätigen – übrigens unabhängig von ihrer fachlichen Kompetenz. Viele Unternehmen wollen und können es sich schlichtweg nicht mehr leisten, dass Mitarbeiter durch persönliche Defizite zur Belastung werden. Die Ansprüche, die an die Persönlichkeit der Mitarbeiter und insbesondere der Führungskräfte gestellt werden, steigen also zusehends, und über das berufliche Vorwärtskommen entscheiden heute längst nicht mehr nur die fachlichen Fähigkeiten und Qualifikationen.

Zwar hat das persönliche Auftreten schon immer eine wesentliche Rolle für den beruflichen Erfolg gespielt – wer einen souveränen Eindruck macht, findet einfach schneller Fürsprecher und hat es leichter, sich durchzusetzen –, doch kann die Bedeutung der eigenen Persönlichkeit heute gar nicht groß genug eingeschätzt werden. Die Grund ist: Persönliche Defizite der Mitarbeiter sind für ein Unternehmen ein Kostenfaktor. Das lässt sich leicht am Beispiel einer Führungskraft veranschaulichen: Der neue Abteilungsleiter mag fachlich brillant sein, doch kaum hat er seine Position angetreten, macht sich Unmut breit. Es hagelt Beschwerden, die Fluktuation in der Abteilung nimmt zu, der Krankenstand steigt und erste Kunden springen ab. – Solche Szenarien sind keine graue Theorie, sondern gehören zum Alltag und sind dort nicht nur ärgerlich für alle Beteiligten, sondern schaden dem Image und kosten zudem Geld. Und tatsächlich scheitern Führungskräfte in 90 Prozent der Fälle nicht wegen fehlender Fachqualifikationen, sondern an mangelnder persönlicher Kompetenz.

> Persönliche Defizite sind ein Kostenfaktor

Das gilt nicht nur für Führungskräfte. Wir wissen beispielsweise alle aus eigener Erfahrung beim Einkaufen, dass wir mit manchen Verkäufern einfach nicht warm werden und lieber den Kauf abbrechen, als uns etwas aufschwatzen zu lassen. Bei einer Kaufentscheidung kommt es nicht zuletzt auf den Sympathiefaktor an, darauf, welche persönliche Wirkung ein Verkäufer erzielt und inwieweit er es versteht, sich in seine Kunden einzufühlen.

Die persönliche Ausstrahlung ist im Beruf der größte Erfolgsfaktor.

Es gehört nicht viel Fantasie dazu, sich auszumalen, welcher Verkäufer es leichter hat, wenn die nächste Gehaltsverhandlung oder eine Beförderung ansteht: derjenige, der auf Kunden und Kollegen eine eher ungünstige Wirkung hat, oder derjenige, der bei Kunden und Kollegen begehrt ist? Und diese Außenwirkung ist primär eine Frage der Persönlichkeit und des Auftretens.

Wer durch Souveränität überzeugt, setzt sich von der Masse ab

Wer also Defizite im persönlichen Auftreten zeigt, wird heute nur noch in Ausnahmefällen die Chance für den nächsten Schritt nach oben erhalten. Andersherum: Wer durch ein souveränes Auftreten überzeugt, setzt sich positiv von der Masse ab – und erhält weit bessere berufliche Chancen. Das gilt für alle Bereiche (nicht nur) des beruflichen Lebens – immer wird die Persönlichkeit eine ganz erhebliche Rolle bei der Entscheidung für oder gegen jemanden spielen. Und was schon auf den unteren Stufen der Erfolgsleiter beginnt, erhält mit jedem weiteren Schritt immer größere Bedeutung.

Erfolgsfaktor Souveränität

Der Stellenwert einer souveränen Persönlichkeit wächst mit der Komplexität unserer modernen Lebenswirklichkeit. Und die moderne Zeit ist nun einmal komplex. Sie ist geprägt von Vielfalt, Unvorhersehbarkeit, stetigem Wandel, Bewegung, Vernetzung und Wechselwirkungen in immer neuen Konstellationen. Vieles ist heute – oft auf undurchschaubare Weise – miteinander verknüpft. Wo vieles ungewiss ist, stehen Berechenbarkeit und Zuverlässigkeit hoch im Kurs. Konstanten und feste Größen, die Halt und Orientierung geben, sind rar und deshalb kostbar geworden – und hierbei geht es nicht nur um abstrakte Zusammenhänge, sondern in hohem Maße auch um zwischenmenschliche Beziehungen.

Wenn Sie also den komplexer werdenden Anforderungen selbstbewusst und zielorientiert entgegentreten wollen, setzen Sie ganz auf Ihre Persönlichkeit. Denn wo und in welcher Branche auch immer Sie arbeiten, wenn Sie sich an Ihrem Arbeitsplatz aufmerksam umschauen, werden Sie bestimmt eines feststellen: Nicht nur das Ansehen, das ein Kollege in der Firma genießt, sondern eben auch die Aufstiegschancen und selbst die Gehälter hängen entscheidend von der persönlichen Ausstrahlung ab. Damit ist nicht allein gemeint, ob ein Mensch ein smartes Erscheinungsbild abgibt. Vielmehr kommt es im Beruf darauf an, Sicherheit und Kompetenz auszustrahlen – insbesondere in schwierigen Situationen oder wenn sich die Ereignisse überstürzen und Entscheidungen gefragt sind.

Ob nun im Gespräch, bei Präsentationen und Verhandlungen oder einfach im Alltagsgeschehen: Wenn Sie einen souveränen Auftritt aufs Parkett legen, strahlen Sie Sicherheit und Vertrauenswürdigkeit aus; und Sie überzeugen schon durch die Art und Weise, wie Sie an Aufgaben herangehen und sie schließlich meistern. Dass dies im Berufsleben etliche Vorteile mit sich bringt, ist naheliegend. Denn:

Persönliche Souveränität signalisiert, dass Sie sich selbst und andere zuverlässig ans Ziel bringen, auch durch stürmische Zeiten.

Eine souveräne Persönlichkeit zahlt sich aus, häufig sogar in barer Münze. Deshalb lohnt es jederzeit, die persönlichen Kompetenzen auszubauen und zu stärken.

Persönlichkeiten sind gefragt

Souveränität wird vielfach missverstanden. Hierbei geht es nämlich ausdrücklich nicht darum, jederzeit perfekt zu sein und immer alles richtig zu machen. Manchmal bedeutet Souveränität sogar das Gegenteil. Dafür ein Beispiel: Im Beruf ist eine Sache gründlich schiefgelaufen, die Sie zu verantworten haben. Sie haben nun zwei Möglichkeiten. Sie können die Verantwortung von sich weisen und auf andere abwälzen und sich so aus der Affäre ziehen. Sie können den Fehler jedoch auch eingestehen, die volle Verantwortung übernehmen und außerdem schnellstmöglich für Nachbesserung sorgen. Welche dieser beiden Varianten von Souveränität zeugt und welche nicht, dürfte keine Frage sein. – Gerade in solchen Situationen zeigt sich, ob jemand tatsächlich souverän ist oder nur oberflächlich den Anschein erweckt.

Souveränität lässt sich entwickeln Souveränität ist ein Merkmal der eigenen Persönlichkeit und also gerade deshalb veränderbar. Wer effektiv an seiner Persönlichkeit arbeitet, kann seinen persönlichen Souveränitätsfaktor erheblich in die Höhe treiben. Sie haben es also selbst in der Hand, wie Sie Ihre Persönlichkeit entwickeln und wie Sie auf Ihr persönliches Umfeld wirken. Wenn Sie sich für ein souveräneres Auftreten entscheiden, leiten Sie damit eine ausnahmslos positive Entwicklung ein und erhöhen sofort Ihre persönlichen Erfolgsaussichten.

Die nachfolgenden Kapitel befassen sich ganz konkret und Schritt für Schritt damit, welche Aspekte echte Souveränität ausmachen, wie Sie in der Praxis dementsprechend handeln und Ihre Persönlichkeit gezielt ausbauen.

- Unser Leben ist durchdrungen von Komplexität und Wandel. Und in Zeiten der kontinuierlichen Veränderung sind souveräne Persönlichkeiten gefragt, denn sie sind Konstanten und feste Größen, die Halt und Orientierung geben.

- Eine wesentliche Bedingung für persönliche Souveränität ist ein klares Bewusstsein sowohl für das eigene Handeln als auch für die individuellen äußeren Einflussfaktoren. Denn ohne eine klare Kenntnis der Einflussfaktoren ist ein tatsächlich selbstbestimmtes Agieren unmöglich.

- Persönliche Souveränität basiert auf dem Bewusstsein davon, wer wir selbst sind, was wir wollen, wie wir es erreichen und wie wir all dies mit den äußeren Einflüssen in Einklang bringen können.

- Der persönlichen Souveränität geht immer ein (Selbst-) Erkenntnisprozess voraus. Das Ziel jeder Selbstreflexion ist es, sich selbst und die eigenen Handlungen zu verstehen und echte Einsichten über die wesentlichen Aspekte der eigenen Persönlichkeit zu erlangen.

- Der berufliche Erfolg hängt bei allen Menschen wesentlich davon ab, welche persönliche Wirkung sie auf andere Menschen erzielen. Das gilt ausnahmslos für jeden Beruf, denn in allen Fällen stehen wir in Kontakt mit anderen Menschen (zu Kollegen, Vorgesetzten, Kunden, Mitarbeitern), die zumindest ab einem gewissen Punkt unseren Karriereverlauf maßgeblich beeinflussen.

Mein Gesprächspartner und ich

2

Nirgends zeigt sich die Wirkung der eigenen Persönlichkeit so unmittelbar wie im persönlichen Gespräch. Der Gesprächsverlauf hängt wesentlich von der Wirkung der Gesprächspartner aufeinander ab. Und die Bandbreite der Gesprächssituationen privat wie im Beruf ist überaus vielfältig. Sie reicht vom entspannten Smalltalk auf einer Party bis zu einer harten Verhandlung mit Geschäftspartnern oder einer hitzigen Auseinandersetzung mit dem Lebenspartner. So unterschiedlich diese Gespräche und ihr Ausgang sind, die Faktoren, die zu ihrem Gelingen beitragen, sind letztlich immer die gleichen. An erster und wichtigster Stelle stehen dabei Sie selbst, denn Ihre Persönlichkeit prägt in hohem Maße Ihren Kommunikationsstil und hat damit großen Einfluss auf die Erfolgsaussichten Ihrer Gespräche und auf die Wirkung, die Sie dabei erzielen.

Standpunkte, Blickwinkel, Denkmuster

Der Kommunikationsstil sagt sehr viel über die eigene Persönlichkeit aus. Ob wir es wollen oder nicht, wir offenbaren in jedem Gespräch eine Menge über uns selbst. Unsere Gesprächspartner leiten aus unserem Kommunikationsverhalten persönliche Eigenschaften, Vorzüge, Stärken und ebenso Schwächen oder

Defizite ab und machen sich auf diese Weise ein Bild von unserer Persönlichkeit. Unser Kommunikationsstil entscheidet deshalb wesentlich darüber, wie wir auf andere wirken – ob wir als zuverlässig, sympathisch, kompetent, glaubwürdig eingestuft werden und sogar, wie viel Intelligenz uns zugesprochen wird. Ein guter Kommunikationsstil ist also nicht nur ein persönliches Aushängeschild, sondern entscheidet darüber, wie wir als Menschen wahrgenommen werden.

Jeder sieht die Welt mit eigenen Augen

Doch ein souveränes Auftreten in Gesprächen wird oft schon im Vorfeld verhindert. Denn vielfach gehen wir mit gewissen Scheuklappen ins Gespräch und sind dann durch eine begrenzte Wahrnehmung befangen. Jeder Mensch sieht die Welt mit anderen Augen und hat mitunter völlig unterschiedliche Ansichten dazu, was richtig ist und was falsch. Das macht ein sozial kompetentes Handeln schwierig und erschwert zugleich konstruktive Gespräche.

Damit Sie nicht in der eigenen Gedankenwelt steckenbleiben

Weil sich die Perspektiven unterscheiden, wird ein und dieselbe Sache von verschiedenen Menschen häufig völlig unterschiedlich wahrgenommen und bewertet. Deshalb erscheint es manchmal so, als wären wir von unserem Gesprächspartner, mit dem wir am gleichen Tisch sitzen, meilenweit entfernt. Besonders deutlich wird das, wenn zu den verschiedenen Blickwinkeln noch unterschiedliche Interessenlagen hinzukommen.

Jeder Mensch neigt dazu, die eigenen Interessen als dringlicher und wichtiger zu betrachten als die Interessen von anderen.

Unsere Wahrnehmung ist fixiert auf Dinge, die uns selbst betreffen, wodurch uns die Belange anderer Personen als weniger bedeutsam erscheinen. Zugleich stufen wir die eigenen Fehler als weniger schwerwiegend ein als die der anderen. Andersherum verhält es sich mit den eigenen Fähigkeiten: Wir glauben, vieles ohnehin schon zu wissen, und denken, vieles genau richtig zu machen, was in der Konsequenz geradewegs dazu führt, dass wir die Vorgehensweisen, Methoden und Kenntnisse anderer Menschen nicht anerkennen. Sie können sich vorstellen, dass ein Gespräch, das unter solchen Vorzeichen stattfindet, kaum zu fruchtbaren Ergebnissen, jedoch leicht zu Konflikten führen kann.

Was etwas schwammig als soziale Kompetenz bezeichnet wird, meint ganz konkret die Fähigkeit, den eigenen Blickwinkel bewusst zu erleben, sich gleichzeitig in die Perspektive eines anderen hineinzuversetzen und sich in ihn einzufühlen. Dafür braucht es Empathie, eine Fähigkeit, über die jeder Mensch verfügt, die allerdings viel zu selten bewusst und gezielt zum Einsatz kommt. Erst durch die Möglichkeit des Perspektivenwechsels können wir die Tragweite unseres Handelns abschätzen, Handlungen und Interessen anderer Menschen verstehen, sie nachvollziehen und somit Konsequenzen folgerichtig einschätzen. Empathie wird dadurch zum entscheidenden Faktor, wenn es darum geht, vorausschauend zu agieren. Gemeint ist die Fähigkeit und viel mehr noch die Bereitschaft, sich gerade in wichtigen Gesprächen immer wieder in die Gedankenwelt und das Empfinden des Gegenübers einzufühlen.

Empathie kommt zu selten zum Einsatz

Allzu oft sind wir jedoch auf unsere alleinige Betrachtungsweise der Dinge fixiert und bleiben so in unserer eigenen Gedankenwelt stecken. Wir denken in der Praxis einfach selten daran, den eigenen Standpunkt zu verlassen und einen Sachverhalt einmal aus anderen möglichen Perspektiven zu betrachten. Wenn Menschen völlig aneinander vorbeisprechen, liegt der Grund dafür meist in mangelndem Einfühlungsvermögen in die Sichtweise des Gegenübers.

Missverständnisse und unnötige Konflikte haben oft die gleiche Ursache: Wem im Gespräch das nötige Fingerspitzengefühl fehlt, der tritt leicht ins Fettnäpfchen, beschwört ungewollt einen Konflikt herauf und tritt dem anderen unbeabsichtigt auf die Füße. Je nach Gesprächsthema kann die Stimmung, mitunter innerhalb von Sekunden, umschlagen. Schon wenige falsche Worte können in angespannten Situationen unerfreuliche Folgen haben – und nicht nur das: Im Beruf können falsch angegangene Gespräche monetären Schaden anrichten und die eigene Reputation schädigen. Wer hier den Ton nicht trifft und andere ungewollt vor den Kopf stößt, wird seine Gesprächsziele kaum erreichen. In Verhandlungen und in Gesprächen mit Kunden oder Vorgesetzten schaden wir uns dadurch vor allem selbst.

TIPP   Erweitern Sie ganz bewusst Ihre eingeschränkte Sichtweise! So können Sie Ihre Argumente gezielter auf Ihren Gesprächspartner abstimmen, ihn besser verstehen und, wenn nötig, leichter überzeugen, also insgesamt deutlich souveräner auftreten.

Abweichende Meinungen erdulden

Einfach ist es nicht, einem Menschen unvoreingenommen und vorurteilsfrei gegenüberzutreten – insbesondere nicht in angespannter Atmosphäre. Einen völlig objektiven, neutralen Standpunkt einzunehmen, ist ohnehin kaum möglich: Gewohnheiten, Verhaltensmuster, mangelnde Toleranz, Vorurteile und vorgefasste Meinungen hindern uns daran.

Auseinandersetzungen entzünden sich an Kleinigkeiten

Vielfach fällt es uns schwer, Andersdenkende zu tolerieren. Manchmal ist es für uns schon problematisch, wenn ein ungewohnter Lösungsweg vorgeschlagen wird – selbst wenn er in der Sache letztlich zum gleichen oder sogar zu einem besseren Ergebnis führt. Tatsächlich entzünden sich gerade an solchen Kleinigkeiten häufig ernsthafte, jedoch völlig unnötige Auseinandersetzungen. Mangelnde Toleranz gegenüber den Ansichten eines Gesprächspartners führt geradewegs zu Fehlurteilen.

Das aus dem Lateinischen stammende Wort tolerare heißt in der genauen Übersetzung erdulden. Toleranz ist demnach das Dulden, Hinnehmen und Respektieren von anderen Meinungen und von Unterschieden. Wenn von Toleranz gesprochen wird, geht es meist um ethische Fragen von einiger Tragweite. Vergessen wird jedoch, dass Toleranz bereits im Kleinen und im ganz persönlichen Alltag beginnt und gerade hier das Zusammenleben von Menschen überhaupt erst möglich macht: Wer eine Meinung hat, muss auch eine abweichende Meinung erdulden, sie also tolerieren können. Zumal die abweichende Meinung, oft sind es lediglich Nuancen, nicht irgendwer vertritt, sondern ein Mensch aus dem näheren Umfeld, wie beispielsweise ein Arbeitskollege oder Bekannter.

Ohne Toleranz wären wohl sämtliche sozialen (und damit auch beruflichen) Beziehungen überaus kurzlebig oder zumindest permanenten Belastungen ausgesetzt. Toleranz ist also zwingend erforderlich, weil die Menschen, mit denen wir in Beziehung treten, (glücklicherweise) nicht all unsere Überzeugungen mit uns teilen, sondern die Dinge mitunter ganz anders sehen. Das bietet wertvolle Chancen, denn:

Wo Sachverhalte und Standpunkte offen und vorurteilslos diskutiert werden, entstehen vielfach die besten Ideen und Lösungsansätze.

Insbesondere sagt die Toleranzfähigkeit eines Menschen viel über sein Selbstbewusstsein aus. Denn sie spricht für ein gesundes Selbstwertgefühl und ganz generell für eine souveräne Persönlichkeit. Wer über ein ausgeprägtes Selbstbewusstsein verfügt und sein Leben aktiv und selbstbestimmt führt, dem fällt es deutlich leichter, tolerant gegenüber abweichenden Ansichten

Wer souverän ist, kann andere akzeptieren

zu sein, weil das eigene Lebenskonzept durch ein paar Verunsicherungen nicht gleich ins Wanken gerät. Auf Basis eines gesunden Selbstwertgefühls ist es einfacher, sich unvoreingenommen mit dem anderen und mit neuen Positionen auseinanderzusetzen und abweichende Auffassungen zuzulassen. Alternative Blickwinkel sind dann eher eine Bereicherung und weniger eine Bedrohung. Ein souveräner Gesprächspartner ist in der Lage, andere Perspektiven zu tolerieren und als Möglichkeit zumindest in Betracht zu ziehen.

Intolerante Menschen haben dagegen genau an diesen Punkten Defizite. Natürlich ist es nicht einfach, die Interessen und Positionen anderer in allen Fällen zu akzeptieren, sie zu erdulden. Doch darum geht es nicht. Das Ziel ist vielmehr, sich nicht schon prinzipiell zu verschließen. Toleranz bedeutet deshalb ausdrücklich nicht, jede beliebige Position zu übernehmen. Wenn wir eine Handlung oder Meinung akzeptieren, heißt das noch längst nicht, dass wir sie uns zu eigen machen oder gutheißen – wir selbst können weiterhin eine abweichende Meinung haben und dafür eintreten, jedoch nicht aus Prinzip, sondern aufgrund einer tatsächlichen inneren Überzeugung.

Auf Pauschalurteile verzichten

Wir alle neigen dazu, die Ansichten und Meinungen unserer Gesprächspartner und sogar die Menschen selbst in Schubladen zu sortieren. Kaum hören wir eine bestimmte Meinung, stecken wir die gesamte Person in die entsprechende Lade – ohne dabei ernsthaft zu hinterfragen, ob das in der Sache überhaupt berechtigt ist. Souveränen Gesprächspartnern gelingt es hingegen, sich von derartigen Denkmustern zu trennen und auf eine auf Vorurteilen basierende Pauschalisierung zu verzichten.

Letztlich führen Denkmuster und Pauschalisierungen nur zu Wahrnehmungsfehlern. Durch unsere vorgefasste Meinung sind wir dann nicht mehr fähig, wertfrei zu denken und zwischen der

Sache und dem Menschen zu unterscheiden. Wer also einem Menschen oder seinen Ansichten einen bestimmten Stempel aufdrückt, lässt sich von seinen Vorurteilen leiten und kann den Inhalt des Gesprächs nicht mehr wertfrei wahrnehmen.

Ein Beispiel für eine trügerische Wahrnehmung ist der Halo-Effekt: Der Begriff leitet sich vom englischen Wort *halo* für Heiligenschein ab und meint das Phänomen, dass ein dominantes Merkmal eine Person in ihrer Gesamtheit überstrahlt und obendrein dazu führt, dass von diesem Merkmal auf unbekannte (und womöglich gar nicht vorhandene) Eigenschaften geschlossen wird. Einem Menschen, der sich sehr nachlässig kleidet, wird unterstellt, er sei weniger klug, obwohl das eine absolut nichts mit dem anderen zu tun hat. Oder wer einmalig beim Ausparken die Garage gerammt hat, wird von nun an für einen schlechten Autofahrer gehalten. Und andersherum: Wer attraktiv und sympathisch auftritt, dem attestieren wir Intelligenz und womöglich noch eine hohe Glaubwürdigkeit. Das gewinnende Auftreten dieses Menschen macht ihn natürlich noch lange nicht intelligent, doch überstrahlt die eine Eigenschaft andere Merkmale und führt zur Zuschreibung weiterer positiver Attribute. Die Menschen in seiner Umgebung sind von einer hervorstechenden Eigenschaft geblendet.

Kein Mensch kann sich völlig von solchen eindimensionalen Denkmustern und Vorurteilen lossprechen. Wir haben jedoch die Möglichkeit, die eigenen Gewohnheiten und Muster bewusst zu erkennen und schließlich zu durchbrechen. Was es dazu braucht, ist in erster Linie ein Bewusstsein dafür, dass unser Denken eben nicht frei von Mustern und Gewohnheiten ist. Fehlt ein solches Bewusstsein, besteht die Gefahr, dass wir auf Meinungen und Positionen dogmatisch reagieren („Ich habe das schon immer so gemacht!") und uns damit wichtige Handlungsspielräume selbst verbauen.

Handlungsspielräume erweitern

Wir kennen es alle aus Verhandlungen: Je größer die Spielräume der Verhandlungspartner, umso größer sind die Chancen, dass die Verhandlung zu einem Ergebnis führt. Andersherum ist jede Verhandlung völlig sinnlos, wenn die unterschiedlichen Parteien mit absolut keinem Verhandlungsspielraum aufeinandertreffen. Denn in einem solchen Fall wird nicht verhandelt, es werden vielmehr die gegenseitigen Positionen kommuniziert. Am Ende bleibt für beide Parteien lediglich ein Ja oder ein Nein.

Die meisten Gespräche ähneln in dieser Hinsicht einer Verhandlung. Wo unterschiedliche Meinungen aufeinandertreffen, Vorgehensweisen diskutiert und Lösungen gefunden werden sollen, sinken die Erfolgschancen rapide, wenn die Beteiligten auf starre Positionen beharren oder infolge eingeschränkter Sichtweisen ihre Handlungsspielräume gar nicht erkennen. Mit einem breiten Spektrum an Optionen ist dagegen viel schneller eine gute Lösung in Sicht.

Die Spannbreite unserer Handlungsoptionen

Oft sind es standardmäßige Verhaltensweisen wie beispielsweise die Ablehnung von Unbekanntem oder (Vor-)Urteile, die uns in einer Weise reagieren lassen, die der Sache nicht gerecht wird. Manchmal sind wir schon aus Prinzip gegen etwas, weil ein Vorschlag von einer Person kommt, die uns einfach unsympathisch ist, weil die Idee ein Umdenken erfordert oder weil wir unbedingt die eigene Strategie durchboxen wollen. Wir sind dann nicht oder kaum mehr in der Lage, den jeweils besten Lösungsweg zu unterstützen, und haben einen wie durch Scheuklappen verengten Blick.

Wie gesagt können die Ursachen dafür vielfältig sein. Doch was auch immer im konkreten Fall zu einer prinzipiellen Opposition führt, in allen Fällen liegt es – sofern es keine sachlichen Gründe gibt – in uns selbst begründet. Die Spannbreite unserer Handlungsoptionen ist damit eine Frage unserer Persönlichkeit. Denn häufig steht uns unser eigenes Ego im Weg. Dies betrifft insbesondere unsichere Menschen mit einem wenig ausgeprägten Selbstbewusstsein. Menschen mit einem starken Selbstbewusstsein, die sich ihrer eigenen Qualitäten bewusst sind, ihre Stärken ebenso wie ihre Schwächen kennen, können in Gesprächen weitaus souveräner agieren und gemeinsam mit dem Gesprächspartner die sachlichen Probleme lösen, ohne dabei die persönlichen Empfindlichkeiten in den Vordergrund zu stellen.

Viele Menschen stehen sich selbst im Weg

Zudem wird schnell klar: Wer sich selbst nicht im Wege steht, hat einen klaren Blick auf das Ganze und gewinnt damit eine Vielzahl zusätzlicher Handlungsoptionen. Auch das ist ein Grund dafür, warum wir uns gerade in wichtigen und heiklen Gesprächen schnell selbst entlarven. Denn am Ende gibt es nur zwei Möglichkeiten: Wir können entweder versuchen, das in der Sache beste Gesprächsergebnis zu erzielen, dabei gleichzeitig noch die Beziehung zum Gegenüber stärken und unsere eigene Reputation verbessern. Oder wir können eben all dies aufs Spiel setzen und dabei den Eindruck eines wenig souveränen Gesprächspartners hinterlassen – was übrigens nahezu immer eine Bürde für alle künftigen Gespräche sein wird.

Der Verlauf und das Ergebnis jedes Gesprächs ist unsere ganz persönliche Visitenkarte.

Souveränität im Gespräch bedeutet, sich Handlungsspielräume nicht selbst zu verbauen, damit wir so viele Optionen wie möglich zumindest in Betracht ziehen können. Gerade (jedoch längst nicht nur) im Beruf lässt sich nahezu täglich beobachten, dass vielfach nicht die besten Optionen gewählt werden, sondern eher solche, bei denen sich niemand auf den Schlips getreten fühlt, solche, die den allgemeinen Gewohnheiten entsprechen, oder die, die den geringsten Widerstand versprechen. Mögliche neue Optionen werden dann aus Bequemlichkeit und aus Angst vor Widerständen gar nicht erst in Betracht gezogen. Der Widerstand gegen mögliche Lösungsansätze ist jedoch dann groß, wenn Gesprächspartner nicht über ihren eigenen Schatten springen und ihre persönlichen Empfindlichkeiten nicht hintanstellen können. Zudem sind im Beruf schnell weit mehr als nur zwei Parteien von einer Vereinbarung betroffen. Wenn nun jeder Zugeständnisse schon aus Prinzip einfordert, entfernt man sich gleichzeitig immer weiter von der besten Lösung – oft wird als Kompromiss nicht einmal mehr ein guter, sondern vielmehr nur ein allseits akzeptierter Weg eingeschlagen.

Souveränität bedeutet Erweiterung des eigenen Horizonts

Souveränität bedeutet eine Erweiterung des eigenen Horizonts. Denn erst ein klarer Blick erlaubt eine sichere Beurteilung unter Einbeziehung verschiedener Perspektiven und alternativer Handlungsoptionen. Und wer ein Problem von allen Seiten betrachten kann, findet nicht nur die beste Lösung, sondern kann auch die eigenen Ansichten plausibel begründen und so andere besser von den eigenen Ideen überzeugen.

Wie Sie Ihre Handlungsspielräume in Gesprächen erweitern:

- Lassen Sie sich nicht allein von Sympathien oder Antipathien, persönlichen Präferenzen und Abneigungen leiten, denken Sie stattdessen an die für alle Beteiligten beste Lösung.
- Lehnen Sie Vorschläge niemals schon aus Prinzip ab oder weil sie Ihrer Gewohnheit widersprechen.
- Betrachten Sie Ihr Gegenüber nicht als Gegner, sondern als gleichwertigen Partner – auch (und gerade) in kontroversen Auseinandersetzungen.
- Sie haben ein Recht auf Ihre Meinung – für Ihren Gesprächspartner gilt allerdings das Gleiche!
- Versuchen Sie zuerst, Ihren Gesprächspartner zu verstehen, bevor Sie selbst verstanden werden wollen. Lassen Sie sich auf den Gesprächspartner ein, akzeptieren Sie seine Perspektive.
- Glauben Sie nicht, ohnehin schon alles zu wissen. Gehen Sie auf Ihr Gegenüber ein und versuchen Sie herauszufinden, was Ihr Gesprächspartner wirklich meint und was seine Intentionen sind.
- Reden Sie nicht über starre Positionen, sondern über die Interessen der Beteiligten, denn selbst bei völlig gegensätzlichen Positionen lassen sich meist noch einige gemeinsame Interessen finden.
- Verzichten Sie auf Beschönigungen und Dramatisierungen. Beides zielt an der Sache vorbei, schränkt Ihre Glaubwürdigkeit ein und verhindert gegenseitiges Vertrauen.
- Fragen Sie immer nach, wenn Sie etwas nicht verstanden haben oder nicht ganz sicher sind, das Gesagte korrekt verstanden zu haben. Mit Nachfragen geben Sie sich keine Blöße. Das Gegenteil ist der Fall, gerade mit Nachfragen zeigen Sie Interesse an der Meinung des anderen.

Das ganze Bild sehen

Souveräne Gesprächspartner zeichnen sich durch eine Vielzahl von Handlungsmöglichkeiten und durch flexibles Denken aus. Beides wird vielfach verhindert von Gewohnheiten, die im Laufe der Zeit zu echten Dogmen werden können. Derartige Dogmen schränken immer das Denken ein und verhindern so jedes flexible Handeln – und oft sind wir uns dessen nicht einmal bewusst. So ist es beispielsweise keine Seltenheit, dass wir glauben, eine Entscheidung bewusst gefällt und sorgfältig abgewogen zu haben, obwohl wir letztlich doch wieder so entschieden haben, wie wir gewohnheitsmäßig ohnehin entscheiden.

In solchen Fällen schränken Gewohnheiten und Denkmuster unsere Wahrnehmung und unseren Handlungsspielraum erheblich ein. Mögliche Alternativen, die jenseits des Gewohnten liegen, werden gar nicht erst in Betracht gezogen und nicht einmal mehr als Option bewusst durchdacht.

Denkmuster sind oft unbewusst

Dadurch bleiben uns viele Aspekte der Wirklichkeit schlicht und einfach verborgen, da wir von ihrer Existenz nicht einmal eine Ahnung haben. Und so treffen wir Entscheidungen, deren Grundlage ein äußerst begrenzter Ausschnitt der Realität ist. – Und zwar ohne zu begreifen, wie viele Möglichkeiten wir uns selbst vorenthalten. Schließlich sind wir aus uns selbst heraus kaum noch fähig, Gedanken zu entwickeln, die sich außerhalb dieses konstruierten Rahmens befinden. Wir verlassen unsere gewohnten Denkwege nicht, weil uns gar nicht bewusst ist, wie sehr wir auf diese eingefahrenen Wege festgelegt sind.

Das führt dann zu unbefriedigenden Ergebnissen und Konflikten. Doch gibt es ein wirksames Gegenmittel: Rufen Sie sich selbst immer wieder ins Bewusstsein, an welchen Punkten Gewohnheiten in Ihrem Denken und Entscheiden wirksam werden. In der Regel ist das dann der Fall, wenn Sie vorschnell Urteile fällen, ohne beispielsweise einen Vorschlag wirklich durchdacht zu haben.

TIPP

Rufen Sie sich ein wichtiges Gespräch aus der jüngeren Vergangenheit ins Gedächtnis. Überlegen Sie nun, ob Sie Ihrem Gesprächspartner bestimmte Stempel aufgedrückt haben und inwieweit diese Zuordnung in Schubladen Ihr Denken und Verhalten im Gespräch beeinflusst haben könnte.

Selbstverständlich geht es nicht darum, sich in jedem Fall der Meinung des Gegenübers anzuschließen. Sie haben das Recht auf Ihre Ansichten und Positionen und gewiss gute Gründe dafür, Ihre Interessen deutlich zu machen. Achten Sie im Gespräch jedoch darauf, dass Sie nicht voreilig Handlungsoptionen oder Denkwege ausschließen, nur weil Sie Ihnen auf den ersten Blick vielleicht ungewöhnlich erscheinen oder weil Vorschläge von einer bestimmten Person kommen, die Ihnen wenig sympathisch ist. So erhalten Sie sich Spielräume und können unter der Vielzahl der Optionen die jeweils beste auswählen.

Außerdem: Wer sich seine Gewohnheiten und Denkmuster bewusst macht, ist flexibler und erhöht seine Bereitschaft, neue Erfahrungen zu machen, unkonventionelle Wege zu gehen und andere Standpunkte einzunehmen. Das reduziert die Neigung zu Vorurteilen ganz erheblich und eröffnet die Möglichkeit, anderen Menschen respektvoller und mit mehr Wertschätzung gegenüberzutreten. Rufen Sie sich daher ins Bewusstsein, welche Klischeevorstellungen sich bei Ihnen festgesetzt haben. Orientieren Sie sich mehr an Tatsachen als an Mutmaßungen und Interpretationen. Und nutzen Sie eines der besten Mittel gegen Vorurteile: Informationen. Wer sich über die tatsächlichen Fakten informiert, statt gewohnheitsgemäß zu entscheiden oder aus einem Impuls heraus zu handeln, erhöht seinen Handlungsspielraum und erweitert den eigenen Horizont.

- Ihre Persönlichkeit prägt in hohem Maße Ihren Kommunikationsstil und hat damit großen Einfluss auf die Erfolgsaussichten Ihrer Gespräche und auf die Wirkung, die Sie dabei erzielen.
- Vielfach gehen wir mit Scheuklappen ins Gespräch und sind dann in unserer Wahrnehmung stark eingeschränkt. Wir glauben, vieles ohnehin schon zu wissen, und denken, vieles genau richtig zu machen. Das führt in der Konsequenz geradewegs dazu, dass wir Methoden und Kenntnisse anderer Menschen nicht anerkennen.
- Im Beruf können falsch angegangene Gespräche monetären Schaden anrichten und die eigene Reputation schädigen. Dadurch schaden wir uns letztlich vor allem selbst.
- Auf Basis eines gesunden Selbstwertgefühls ist es einfacher, sich unvoreingenommen mit dem anderen und neuen Positionen auseinanderzusetzen und auch gegenteilige Auffassungen zuzulassen. Abweichende Blickwinkel sind dann eine Bereicherung und keine Bedrohung.
- Souveränität im Gespräch bedeutet, sich Handlungsspielräume nicht selbst zu verbauen und so viele Optionen wie möglich in Betracht ziehen zu können.
- Gewohnheiten und Denkmuster schränken unsere Wahrnehmung und unseren Handlungsspielraum erheblich ein. Mögliche Alternativen, die jenseits des Gewohnten liegen, werden nicht einmal mehr als Option bewusst durchdacht.
- Wer sich seine Gewohnheiten und Denkmuster bewusst macht, ist flexibler und erhöht seine Bereitschaft, neue Erfahrungen zu machen, unkonventionelle Wege zu gehen und andere Standpunkte einzunehmen.

Charakterstärke zeigen

Eine der wesentlichen Eigenschaften souveräner Menschen ist Charakterstärke. Der Begriff meint die innere Stärke, mit der man zu seinen Überzeugungen steht. Wer Charakterstärke besitzt, wird nicht gleich einen Rückzieher machen, wenn es schwierig wird, sondern bleibt seinen ethischen Idealen treu. Menschen mit einem starken Charakter werden häufig bewundert, sogar beneidet – meist von denen, die weniger standfest sind. Denn Menschen mit Charakterstärke sind das exakte Gegenteil vom Fähnchen im Wind. Sie sind verlässlich, verbindlich, zuverlässig und verfügen über ein hohes Maß an Selbstkontrolle. Und all das sind Eigenschaften, die – beruflich und privat – eine starke Wirkung erzielen. Fragt man sich, wo die Wurzeln der Charakterstärke liegen, ist die Antwort: in der Bereitschaft, Verantwortung für sich selbst, für das eigene Handeln und für andere zu übernehmen.

Souveräne Menschen übernehmen Verantwortung für das eigene Entscheiden und Handeln.

Verantwortung übernehmen

Wenn wir ehrlich sind, sind nur wenige Menschen bereit, entgegen dem allgemeinen Konsens zu handeln und wirklich zu sagen, worum es ihnen geht und was für einen Standpunkt sie genau vertreten. Dabei sind Mut, Klarheit und eindeutige Werte gefragte Attribute – gerade im geschäftlichen Bereich. Wer keine Ecken und Kanten hat, dem fehlt es an Profil. Wer sich stets erwartungskonform verhält, bekommt möglicherweise selten Ärger, gewinnt jedoch mit diesem Verhalten auf Dauer auch niemanden für sich. Im Gegenteil: Wer zu allem Ja und Amen sagt und die Verantwortung für sein Handeln von sich weist, kann keine eigenen Akzente setzen und wird die eigenen Gestaltungsspielräume kaum nutzen können.

Ecken und Kanten zeigen Klare Standpunkte und eine deutliche Meinung verleihen uns Souveränität. Und letztlich sind ein paar Ecken und Kanten unseren Mitmenschen lieber, denn so wissen sie, woran sie sind, was sie bekommen und was nicht. Wer aus der Masse herausstechen will, braucht klare Positionen. Wer Charakter zeigt, wird zwar auch auf Widerstand stoßen, jedoch vor allem Anerkennung erhalten. Und das hat seinen Grund. Es heißt nämlich nicht umsonst Charakterstärke. Es ist eine Stärke, die einen Menschen auszeichnet, und es gelingt längst nicht jedem, diese Stärke zu zeigen und die eigenen Entscheidungen, Verhaltensweisen und Handlungen in Einklang mit den persönlichen ethischen Maßstäben zu bringen.

Charakterstärke bedeutet, dass die inneren Überzeugungen die Richtung vorgeben, auch dann, wenn schwierige Entscheidungen anstehen oder unbequeme Folgen oder Widerstände zu erwarten sind. Und wer eine Entscheidung aus voller Überzeugung trifft, weil sie mit den eigenen Wertvorstellungen, Ansichten und Wünschen übereinstimmt, dem wird es nicht schwerfallen, die Verantwortung zu übernehmen für diese Entscheidung, ihre Umsetzung mitsamt den Folgen. In etlichen Bereichen des Lebens ist das von großem Vorteil: Denn eine Entscheidung, für die jemand die Verantwortung übernommen hat, erhält größeres Gewicht und eine starke Verbindlichkeit. Entscheidungen, für die sich niemand verantwortlich fühlt, bleiben hingegen unverbindlich und deshalb häufig ergebnislos.

Wo jedoch ein Mensch persönlich die Verantwortung übernimmt, ist die Wahrscheinlichkeit groß, dass rasch eine Lösung gefunden wird. Denn wer Verantwortung übernimmt, handelt verbindlich und sieht sich in der Pflicht, die eigenen Zusagen einzuhalten. Aus diesem Grund ist die Verantwortungsbereitschaft im Beruf und letztlich in allen gesellschaftlichen Strukturen von größter Bedeutung. Und Menschen, die bereit sind, Verantwortung zu übernehmen, sind immer diejenigen mit der besten Reputation – zumal es für viele Menschen eben nicht selbstverständlich ist, sich ihrer Verantwortung zu stellen.

Offener Umgang mit Fehlern als Zeichen von Charakterstärke

Allzu gerne ducken wir uns weg und schieben die Verantwortung von uns – oft dann, wenn es schwierig wird und ein Erfolg nicht gewiss ist. Spätestens, wenn es darum geht, für die eigenen Fehler geradezustehen, trennt sich die Spreu vom Weizen. Hier zeigt sich, wer zu seinen Überzeugungen steht und wirklich bereit ist, Verantwortung zu übernehmen. Denn natürlich liegt man auch einmal daneben mit einer Einschätzung oder entscheidet sich für einen falschen Weg. Jeder Mensch macht Fehler. Doch zeugt es eindeutig nicht von Charakterstärke, wenn man dann versucht, den Fehler zu vertuschen oder die Folgen jemand anderem in die Schuhe zu schieben. Denn:

· ·

Charakterstärke zeigt derjenige, der zu seinem Fehler steht und die Folgen dieses Fehlers trägt. Wer dies nicht tut, verleugnet damit seine eigenen Überzeugungen.

· ·

Irrtümlicherweise nehmen viele Menschen an, dass sie Schwäche zeigen würden, wenn sie Fehler eingestehen. Doch das Gegenteil ist der Fall: Ein offener Umgang mit den eigenen Fehlern unterstreicht Ihre Glaubwürdigkeit und Charakterfestigkeit, da Sie Ihren Überzeugungen treu bleiben und Verantwortung für die Konsequenzen übernehmen. Der Versuch, Fehler zu vertuschen, führt obendrein häufig zu unnötigen Verwicklungen. Vor allem wenn Sie dem Impuls nachgeben, alles abzustreiten und die Verantwortung von sich zu weisen, verzetteln Sie sich leicht in Widersprüchen, wirken unglaubwürdig und charakterschwach. In solchen Fällen machen Sie sich zudem das Leben selbst schwer, denn in der Regel ist es weitaus schwieriger, den entstandenen Scherbenhaufen später wieder aufzukehren, als von vornherein zu dem Fehler zu stehen.

Vertuschen führt zu immer neuen Problemen

Außerdem sinken zugleich die Chancen, dass doch noch eine Lösung gefunden wird, weil zum Beispiel bestimmte Sachverhalte verschleiert oder Folgen einer Entscheidung heruntergespielt werden. Die sachliche Basis für eine echte Verständigung und für ein lösungsorientiertes Vorgehen geht dann schnell verloren, sodass sich die negativen Folgen einer Fehlentscheidung weiter verschärfen. Vielfach entstehen schwerwiegende negative Konsequenzen überhaupt erst durch den Versuch, einen Fehler zu vertuschen. Und wenn dann zu allem Überfluss noch ein Unbeteiligter für den Fehler verantwortlich gemacht werden soll, bahnt sich schnell ein unnötiger Konflikt an, der weitere Schwierigkeiten provoziert. Der einzig richtige Umgang mit persönlichen Fehlern kann daher nur sein:

TIPP Zeigen Sie die Bereitschaft, für Ihre Fehler und die daraus entstandenen Probleme die Verantwortung zu übernehmen.

Der offene Umgang mit Fehlern hat übrigens noch einen weiteren Vorteil: Er macht es auch anderen Beteiligten leichter, etwaige Fehler zuzugeben. Und das wiederum trägt in höchstem Maße dazu bei, dass Gespräche erfolgreich verlaufen, Probleme gelöst und Beziehungen offen, ehrlich und vertrauensvoll geführt werden.

Verantwortung heißt auch Eigenverantwortung

Menschen mit Verantwortungsbewusstsein helfen dabei, dass aus Fehlern keine Krisen werden und dass sie die Beziehungen der Menschen untereinander nicht belasten. Wer Verantwortung übernimmt, vermindert dabei zugleich, dass unnötige Fehler auftreten und Probleme übermächtig werden. Denn Verantwortungsbewusstsein zeigt sich auch darin, dass jemand bewusst die Initiative ergreift und nicht darauf wartet, dass sich irgendwann irgendjemand anderes um ein Problem kümmern wird.

So suchen Menschen, die über diese wichtige Charaktereigenschaft verfügen, zum Beispiel aktiv das Gespräch, wenn sie bemerken, dass zwischen ihnen und einem Kollegen wiederholt Spannungen auftreten. Sie warten nicht, bis die Sache zu einer offenen Auseinandersetzung eskaliert oder dass der andere den ersten Schritt macht. Kurz: Wenn sie der Überzeugung sind, dass etwas unternommen werden muss, dann unternehmen sie etwas. Sie gehen lieber auf den anderen zu, um die Situation zu bereinigen, anstatt untätig darauf zu hoffen, dass sich eine Unstimmigkeit irgendwann von allein in Luft auflöst. Im alltäglichen Miteinander kann der Wert einer solchen Verhaltensweise gar nicht überschätzt werden.

Souveräne Menschen bereinigen Situationen

So vorteilhaft verantwortungsbewusste Menschen für alle Bereiche des menschlichen Miteinanders sind, letztlich beginnt Verantwortung immer bei der Verantwortung gegenüber sich selbst. Wenn Sie Ihr Leben jenseits von Fremdbestimmung selbst in die Hand nehmen wollen, kommen Sie nicht daran vorbei, zuerst einmal Verantwortung für sich selbst zu übernehmen. Das ist nicht weniger als der Grundstein für ein selbstbestimmtes Leben. Eigenverantwortung zu übernehmen hat zur Folge, dass man erstens aus eigenem Antrieb aktiv werden muss, zweitens eine klare Vorstellung davon braucht, wohin der Weg führen soll, und drittens für sein Handeln und Entscheiden geradesteht und niemand anderen dafür zur Rechenschaft ziehen kann.

Verantwortung und Selbstbestimmung gehen deshalb Hand in Hand; ohne Eigenverantwortung kann es keine Selbstbestimmung geben. Menschen, die sich von fremden Einflüssen freimachen und so agieren, wie sie es selbst für richtig halten, können niemand anderen oder die Umstände für ihr Handeln verantwortlich machen. Die Verantwortung liegt bei ihnen selbst. Das führt zu persönlicher Unabhängigkeit, unterstreicht die eigene Charakterstärke und ermöglicht eine souveräne Lebensführung.

Glaubwürdig kommunizieren

Würden Sie einem Menschen, dessen Worten Sie nicht glauben und dem Sie nicht vertrauen können, Charakterstärke attestieren? Sicher nicht. Ganz anders bei einem Menschen mit einer hohen Glaubwürdigkeit. Auf einen glaubwürdigen Menschen können Sie sich verlassen und haben keinen Grund, an seinen Worten zu zweifeln. Sie brauchen sich nicht noch Ihren Teil dazu zu denken, sondern können ihn beim Wort nehmen. Das erleichtert jede Kommunikation und jede Interaktion, denn Ihr Gegenüber meint, was es sagt – und darauf können Sie bauen.

Glaubwürdigkeit ist überaus kostbar und hat – was oft vergessen wird – im Beruf sogar einen finanziellen Wert. Und dieser Wert kann sehr hoch sein. Doch Glaubwürdigkeit hat keinen Preis. Sie können Glaubwürdigkeit nicht kaufen, sondern sich nur als glaubwürdig erweisen. Und wenn Sie sich als glaubwürdig erwiesen haben, bringt das auch persönliche Vorteile mit sich.

Die Glaubwürdigkeit bildet in vielen Bereichen des Lebens die Grundlage für stabile (Geschäfts-)Beziehungen, ja, sie macht es vielfach erst möglich, dass eine Interaktion zwischen Menschen oder Unternehmen überhaupt zustande kommt. Denn Glaubwürdigkeit bedeutet Verlässlichkeit. Nur wenn Sie sich auf Ihr Gegenüber – ganz gleich, ob es sich dabei um eine einzelne Person oder ein Unternehmen handelt – verlassen können, werden Sie ihm einen Vertrauensbonus gewähren. Und genau dieser Vertrauensvorschuss ist unbedingt nötig, da wir andernfalls keine Geschäfte abschließen und keinerlei Pläne machen könnten, bei denen wir auf die Unterstützung anderer Menschen angewiesen sind. Wenn wir uns hingegen immer wieder neu die Frage stellen müssten, ob wir uns auf unser Gegenüber verlassen können und ob morgen noch gilt, was heute gesagt wurde, dann würde das unseren Handlungsspielraum enorm einschränken.

> **Glaubwürdigkeit ist die Grundlage von allem**

. . . .

Glaubwürdigkeit erleichtert jede Interaktion.

. . . .

Und das gilt insbesondere für alle geschäftlichen Bereiche: Die Zusammenarbeit mit anderen gelingt dann am besten, wenn wir wissen, dass wir uns gegenseitig aufeinander verlassen können. Das Vertrauensverhältnis zwischen Mitarbeitern untereinander, zwischen ihnen und der Geschäftsführung und zu den Kunden ist essenziell für jeden geschäftlichen Erfolg.

Fehlende Glaubwürdigkeit ist ein Risiko

Wo wir selbst noch keine Erfahrungen gemacht haben und deshalb noch keine Aussagen über die Glaubwürdigkeit eines Menschen oder eines Unternehmens treffen können, bedienen wir uns eines Tricks: Wir fragen nach den Erfahrungen anderer. Auf dieses System geht zum Beispiel die Gründung von Wirtschaftsauskunfteien zurück. Denn jeder will gerne Geschäfte machen, dabei jedoch natürlich nicht blind auf die Glaubwürdigkeit des Geschäftspartners vertrauen müssen. Wer in Vorleistung geht, will sicherstellen, dass ein Kunde in der Lage und willens ist, diese Vorleistung zu honorieren. Doch um das beurteilen zu können, braucht man Informationen über diesen Kunden. Wie hat der Kunde sich bisher verhalten? Hat er seine Kreditraten und Rechnungen immer pünktlich gezahlt? Oder laufen gegen ihn Mahnverfahren wegen nicht gezahlter Rechnungen? Wie gut ist seine Bonität, also sein guter Ruf in Sachen Zahlungsfähigkeit und Zahlungswilligkeit?

Glaubwürdigkeit zieht Vertrauen nach sich

Ohne Antworten auf diese Fragen zu haben, kann es schwierig sein, miteinander in eine Geschäftsbeziehung zu treten. Denn das Risiko eines Verlustes ist unter Umständen groß. Aus den gleichen Gründen greifen viele Menschen heute auf Bewertungssysteme zurück: Ein Ebay-Verkäufer mit den besten Bewertungen hat es leichter, seine Ware zu verkaufen, als ein anderer, der schon mehrfach als unzuverlässig aufgefallen ist. Und wer beispielsweise einen neuen Zahnarzt sucht, wird sich vermutlich erst einmal die Bewertungen im Internet anschauen – oder, noch besser, Freunde und Bekannte nach einem Tipp fragen. Denn ein solcher Tipp ist letztlich nichts anderes: Wir fragen eine Person, die wir kennen und der wir vertrauen, nach ihrer Meinung. Spricht sich diese Person für jemanden aus, sind wir selbst bereit, diesem einen Vertrauensvorschuss zu gewähren. Glaubwürdigkeit bekommt damit einen hohen Wert, nicht nur einen ideellen, sondern auch einen finanziellen.

Fehlende Glaubwürdigkeit ist immer ein Makel. Im Zweifelsfall werden wir uns an denjenigen wenden, dem wir mehr vertrauen.

Wenn Sie beim Kauf eines Produktes einmal enttäuscht, vielleicht sogar belogen wurden, werden Sie den Anbieter in Zukunft meiden, denn er hat seine Glaubwürdigkeit verspielt. Oder wenn Sie jemanden brauchen, der Ihnen bei einer wichtigen Präsentation hilft: Wen werden Sie fragen, einen Kollegen, der schon mehrfach seine Zusagen nicht eingehalten hat, oder doch lieber einen anderen, von dessen Zuverlässigkeit Sie überzeugt sind? Die Antwort dürfte klar sein.

Dennoch bleibt die Glaubwürdigkeit im Unternehmensalltag (und nicht nur dort) oft auf der Strecke – mit ernsthaften Folgen: Kunden, Lieferanten und Geschäftspartner verhalten sich reserviert oder kündigen die Geschäftsbeziehung auf. Und Mitarbeiter, die den Aussagen ihrer Führungskräfte oder ihrer Kollegen keinen Glauben mehr schenken wollen, resignieren und sind von ihrem gesamten Arbeitsumfeld enttäuscht. Schließlich besteht das berufliche Miteinander zu großen Teilen aus Kommunikation und kann deshalb nur dann gelingen, wenn man den kommunizierten Zusagen, Aussagen und Informationen glauben kann.

Menschen lieben Zuverlässigkeit

Die Frage ist, woran Glaubwürdigkeit gemessen wird. Zunächst einmal daran, ob ein Mensch hält, was er verspricht – also seinen Worten die entsprechenden Taten folgen. Das gilt insbesondere, wenn mit einer Aussage große Hoffnungen oder hohe Erwartungen verbunden werden. Wird in einem solchen Fall das Versprochene nicht gehalten, ist die Enttäuschung groß, und die Glaubwürdigkeit hat mehr als nur einen Kratzer abbekommen.

Ein weiterer Maßstab ist die Gradlinigkeit im eigenen Verhalten. Deshalb ist es mehr als empfehlenswert, sich aus Intrigen, Klatsch und Tratsch, Schuldzuweisungen und Anschwärzungen herauszuhalten. Eine Person, die Intrigen spinnt, sich allzu oft zu unbedachten Äußerungen hinreißen und die Gerüchteküche brodeln lässt, hat zwar immer etwas zu erzählen, schadet sich jedoch vor allem selbst. Als vertrauenswürdig und glaubwürdig wird sie gewiss von niemandem wahrgenommen – und überzogene Geschwätzigkeit zeugt ganz sicher nicht von Charakterstärke.

Darüber hinaus gehen Glaubwürdigkeit und Zuverlässigkeit Hand in Hand. Sowohl Familienmitglieder, Freunde und Bekannte als auch Kunden, Mitarbeiter und Führungskräfte lieben Zuverlässigkeit: Alle wollen wissen, woran sie sind, sie wollen einen zuverlässigen und kalkulierbaren Ansprechpartner, auf den Verlass ist.

TIPP   Nutzen Sie jede Gelegenheit, sich als glaubwürdig zu erweisen, und denken Sie daran, Ihre Glaubwürdigkeit nicht leichtfertig oder zugunsten eines Einmalerfolgs aufs Spiel zu setzen.

All das hat zudem direkte Auswirkungen auf alle Gespräche, die Sie führen. Wenn es darum geht, andere im Gespräch von etwas zu überzeugen, sind selbst die besten Argumente nutzlos, wenn an ihrem Wahrheitsgehalt gezweifelt wird. Deshalb gilt: Je größer Ihre Glaubwürdigkeit, umso leichter können Sie andere mit Argumenten überzeugen.

Ihre persönliche Glaubwürdigkeit zählt zu dem Kostbarsten, das Sie in die Waagschale werfen können. Ihre persönliche Reputation hängt maßgeblich von Ihrer Glaubwürdigkeit ab. Und letztlich gibt es nur zwei Kategorien: glaubwürdig und unglaubwürdig. Ihr Verhalten in Gesprächen und die folgenden (oder ausbleibenden) Taten entscheiden darüber, in welche der beiden Kategorien Sie von anderen Menschen eingeordnet werden.

Bedenken Sie daher bei allen Gesprächen:

Wie glaubwürdig sind Sie?

- Sie werden einen Menschen, der Ihnen nicht vertraut und der daher an Ihren Worten zweifelt, kaum von irgendetwas überzeugen können.
- Wenn Geschäfte gemacht werden, ist – zumal dann, wenn es um höhere Beträge oder um etwas Wichtiges geht – der glaubwürdige Geschäftspartner gegenüber dem weniger glaubwürdigen immer im Vorteil.
- Übernehmen Sie ganz bewusst die Verantwortung für das eigene Handeln.
- Vermeiden Sie alles, womit Sie Ihre persönliche Glaubwürdigkeit aufs Spiel setzen.
- Stehen Sie zu Ihren Zusagen und sagen Sie im Zweifelsfall lieber Nein, als eine Zusage nicht einzuhalten. Machen Sie keine Zusagen, wenn Sie nicht sicher sind, dass Sie sie halten können!
- Nutzen Sie Gelegenheiten, bei denen Sie sich ohne Abstriche als vertrauenswürdig erweisen können.
- Gehen Sie offensiv mit eigenen Fehlern um. Wenn Fehler offen eingestanden und nicht unter den Teppich gekehrt werden, strahlt das Souveränität aus und stärkt Ihre Glaubwürdigkeit.

Glaubwürdige Menschen zeigen immer wieder, dass es ihnen damit ernst ist, was sie sagen. Sie sind in ihren Aussagen verbindlich. Und wir wissen, was Verbindlichkeiten in der Kaufmannssprache bedeuten: Wer hier Verbindlichkeiten eingeht, macht Schulden. Und wer Behauptungen aufstellt oder leichtfertige Versprechungen macht, dann jedoch nicht dazu steht, der bleibt etwas schuldig. Verbindlich ist derjenige, der seine Schulden nicht auftürmt, sondern begleicht. Auf Behauptungen dürfen also keine Ausflüchte, auf Versprechen oder Zusagen keine Vertröstungen folgen. Bei verbindlichen Menschen bilden Worte und Taten eine Einheit. Das macht sie glaubwürdig.

Was Authentizität bedeutet

Als ein wesentlicher Faktor der Glaubwürdigkeit gilt ein authentisches Auftreten. Authentizität bedeutet nichts anderes als Echtheit. Diese Echtheit ergibt sich, wenn wir anderen nichts vormachen und so sind, wie es tatsächlich unserer Persönlichkeit entspricht. Wenn das eigene Denken, Fühlen und Handeln übereinstimmen, sind wir authentisch. Und die meisten Menschen spüren sehr schnell, wenn ihr Gegenüber eine Rolle einnimmt und diese (anstelle seiner echten Persönlichkeit) nach außen vertritt. Hierbei entstehen Widersprüche, die immer mit dem Verlust von Glaubwürdigkeit und Vertrauen einhergehen. Deshalb wird vielfach propagiert, dass wir – gerade im Gespräch – authentisch auftreten sollen. Das ist natürlich völlig richtig, doch ist die Sache mit der Authentizität ein wenig komplexer.

Authentizität ist beinahe schon zu einem Modewort geworden, das zuweilen völlig unreflektiert verwendet wird. Überall bekommen wir zu hören und zu lesen, dass wir doch, bitteschön, authentisch sein sollen. Dabei wird allerdings selten konkretisiert, was das genau bedeutet. Übersehen wird vor allem:

Authentizität ist nur dann möglich, wenn wir genau wissen, was unsere ureigene Persönlichkeit ausmacht.

Authentizität kann man sich nicht vornehmen Wir können uns also nicht einfach vornehmen, von nun an authentisch zu sein. Vielmehr geht dem eine Phase der Reflexion voraus, in der wir genau ergründen, wer wir sind, was wir wollen und was uns selbst ausmacht. Nicht jeder ist bereit, sich dermaßen eingehend mit sich selbst zu befassen. Genau deshalb bleibt der Ruf nach Authentizität oft nicht mehr als eine hohle Phrase.

Wenn Sie lieber eine Nummer kleiner beginnen wollen, können Sie zum Beispiel für den Anfang einfach damit aufhören, sich zu verstellen. Das klingt zunächst trivial, ist in der Praxis allerdings weniger simpel, als es scheint. Denn unser Leben, zumal das berufliche, besteht nun einmal daraus, in unterschiedliche Rollen zu schlüpfen, diese Rollen anzunehmen und auszufüllen. Und natürlich gehen diese Rollen mit unterschiedlichen Anforderungen einher: Es ist etwas anderes, ob wir zu einem Geschäftstermin mit einem wichtigen Kunden gehen oder abends im vertrauten Freundeskreis beisammensitzen. Tatsächlich verhalten wir uns sogar in ein und derselben Grundkonstellation unterschiedlich, weil die jeweiligen Situationen es erfordern und weil es von uns erwartet wird. Es ist also gut möglich, dass wir bei einem Meeting mit Kunde A ganz anders auftreten als bei einem Treffen mit Kunde B – und das aus gutem Grund. Denn es ist vorteilhaft, sich auf jede Situation und die jeweiligen Personen neu einzustellen und die entsprechende Rolle anzunehmen.

Rollen annehmen – und authentisch bleiben

An dieser Stelle scheint es ein Widerspruch zu sein, authentisch sein zu wollen und gleichzeitig die verschiedenen Rollen, die wir privat und beruflich ausfüllen sollen, in gleicher Weise anzunehmen. Sich authentisch zu verhalten bedeutet, man selbst zu bleiben. Und das heißt nichts anderes, als zu sich selbst, den eigenen Werten und der eigenen Identität zu stehen. In der Praxis bedeutet das: Ja, es ist natürlich richtig, so aufzutreten, wie man tatsächlich ist. Es ist jedoch ebenso richtig, die unterschiedlichen Rollen anzunehmen und auszufüllen. Das ist kein Widerspruch: Denn eine Rolle anzunehmen, bedeutet nicht zwangsläufig, sich selbst zu verbiegen.

Es geht vielmehr um die Bereitschaft, in unterschiedlichen Situationen adäquat zu handeln und sich situationsbedingt zu verhalten – das alles jedoch, indem wir mit der statt gegen die eigene(n) Persönlichkeit arbeiten. Das heißt, nehmen Sie die

In verschiedenen Situationen adäquat handeln

vielen verschiedenen Rollen an, jedoch nicht bedingungslos, sondern nur so lange, wie Sie die Möglichkeit haben, Sie selbst zu bleiben. Erst wenn eine Ihnen zugedachte Rolle im eindeutigen Widerspruch zu Ihrer Persönlichkeit steht, wenn sich Ihr Ich mit der Rolle nicht vereinbaren lässt, bleibt nur eines: zu Ihrem authentischen Selbst zu stehen und diese bestimmte Rolle bewusst nicht anzunehmen. Hier geht es keineswegs darum, dass wir uns aus Prinzip gegen etwas auflehnen – im Gegenteil. Doch wenn sich alles in uns gegen etwas sträubt, ist es ganz gewiss vorteilhafter, Grenzen zu ziehen und sich zu distanzieren. Zumal vielfach der Bruch mit dem, das nicht zu uns passt, neue Optionen eröffnet.

Authentizität heißt daher: den eigenen Weg zu finden und auch zu gehen. Nun wird vielfach behauptet, wer erfolgreich sein und sich im Konkurrenzkampf durchsetzen will, müsse sich anpassen und notfalls verbiegen. Diese Ansicht ist zwar verbreitet, sie beruht dennoch auf einem Irrtum. Denn ein opportunes Verhalten mag für den Moment Erleichterung verschaffen und vielleicht zu kurzfristigen Vorteilen führen, ist auf Dauer jedoch vor allem kräftezehrend und verbraucht viel Energie: Freude und Leichtigkeit, Echtheit und Persönlichkeit bleiben dann auf der Strecke. Und all dies braucht jeder, der auf Dauer erfolgreich sein will. Was vergessen wird:

Anpassung bringt auf Dauer keine Vorteile, sie ist vielmehr anstrengend und ermüdend. Mit der Zeit entfremden wir uns von uns selbst und der ursprünglich erhoffte Effekt verkehrt sich ins Gegenteil.

Wenn Sie Ihre eigene Persönlichkeit verbiegen, unecht und gekünstelt agieren und kommunizieren und sich so in eine Person verwandeln, die Sie gar nicht sind, entfernen Sie sich damit von Ihren wahren Potenzialen. Die Leistungsfähigkeit, vor allem aber Spaß und Freude, Aufgaben zu bewältigen, gehen vollständig verloren – und das wird eher früher als später auch Ihr Umfeld spüren. Das sind keine guten Voraussetzungen für dauerhaften Erfolg und schon gar nicht für Zufriedenheit.

Weitsichtiger ist es deshalb, wenn Sie mit und nicht entgegen Ihrer eigenen Persönlichkeit arbeiten. Statt sich kräftezehrend zu verbiegen, ist es sinnvoller, Ihre Persönlichkeit vorteilhaft in Szene zu setzen. Dadurch bleiben Sie ganz Sie selbst. Gehen Sie Ihren eigenen Weg und verbiegen Sie sich zumindest nicht mehr als unbedingt nötig (denn natürlich geht es nicht immer ohne Kompromisse). So verbessern Sie Ihre persönliche Ausstrahlung und können souverän auftreten. Das wird Ihr Umfeld spüren und ganz sicher zu würdigen wissen, denn genau das spricht für Ihre Charakterstärke.

Authentizität heißt Glaubwürdigkeit

Eine besondere Bedeutung hat die Authentizität für den Erfolg von Gesprächen. Hier können die Begriffe Glaubwürdigkeit und Echtheit geradezu synonym verwendet werden. Wenn Sie im Gespräch auf einen wenig authentischen Partner treffen, werden Sie schnell denken, dass dieser Ihnen etwas vormacht. Sie werden kein Vertrauen entwickeln, sich distanziert verhalten und insgesamt auf der Hut sein – und all das völlig zu Recht.

Ein authentisches Verhalten im Gespräch ist unerlässlich, weil Gespräche nur dann erfolgreich verlaufen und tragfähige Ergebnisse liefern können, wenn die Gesprächspartner einander als glaubwürdig empfinden und dem Gesagten Vertrauen schenken. Ansonsten kann keine Verständigung entstehen. Steht ein Gesprächspartner mit seinem gesamten Auftreten ganz offensichtlich im Widerspruch zu sich selbst, wird sich beim Gegenüber sehr schnell der Verdacht einschleichen, dass ihm hier etwas vorgemacht wird. Skepsis und Zweifel an der Glaubwürdigkeit des anderen werden geweckt, alles Gesagte wird infrage gestellt, Gesprächsergebnisse bleiben unverbindlich.

Ohne Aufrichtigkeit keine Verständigung

Wenn Sie sich jedoch in Gesprächen authentisch verhalten, wecken Sie Vertrauen, wirken glaubwürdig und können überzeugen. Dann erwecken Sie den Eindruck, wirklich Sie selbst zu sein und nach Ihren tatsächlichen Ansichten und Überzeugungen zu handeln. Denken, Fühlen und Handeln stimmen bei Ihnen miteinander überein. Sie wirken verlässlich und vertrauenswürdig.

Dabei ist es unerheblich, um was für ein Gespräch es sich handelt. Ob Sie den Ausführungen eines Kollegen nur mit gespieltem Interesse folgen oder in einer komplizierten geschäftlichen Verhandlung nur so tun, als wären Sie von den Vorteilen des eigenen Angebots hundertprozentig überzeugt – das Ergebnis ist das gleiche: Ihre Gesprächspartner spüren den Mangel an Aufrichtigkeit und werden auf Distanz gehen und auf Ihre Aussagen mit Zurückhaltung oder sogar Ablehnung reagieren. Ihre Glaubwürdigkeit nimmt Schaden.

Ein authentisches Verhalten birgt deshalb gleich mehrere Vorteile, insbesondere für berufliche Gespräche. Denn jeder Vertrauens- und Glaubwürdigkeitsverlust kann erheblichen Schaden anrichten: Geplatzte Geschäftsbeziehungen, verärgerte Kunden, missglückte Gehaltsverhandlungen oder demotivierende Mitarbeitergespräche sind nur einige wenige Beispiele für derart gescheiterte Gespräche.

Authentisch zu agieren und authentisch zu kommunizieren ist unerlässlich für alle, die als echte charakterstarke Persönlichkeiten wahrgenommen werden wollen.

- Klare Standpunkte und eine klare Meinung verleihen uns Souveränität.
- Charakterstärke bedeutet, dass die inneren Überzeugungen die Richtung vorgeben, auch dann, wenn schwierige Entscheidungen anstehen oder unbequeme Folgen oder Widerstände zu erwarten sind.
- Menschen, die bereit sind, Verantwortung zu übernehmen, sind immer diejenigen mit der besten Reputation.
- Ein offener Umgang mit den eigenen Fehlern unterstreicht Ihre Glaubwürdigkeit und Charakterfestigkeit, da Sie Ihren Überzeugungen treu bleiben und Verantwortung für die Konsequenzen übernehmen.
- Verantwortungsbewusstsein zeigt sich auch darin, dass jemand bewusst die Initiative ergreift und nicht darauf wartet, dass sich irgendwann irgendjemand anderes um ein Problem kümmern wird.
- Übernehmen Sie selbst die Verantwortung für Ihr Handeln oder Nichthandeln und schieben Sie Versäumnisse nicht anderen in die Schuhe. – Denn jeder Mensch, der Verantwortung übernimmt, stärkt nicht nur seine persönliche Souveränität, sondern beeinflusst damit ganz erheblich und in positivem Sinne das Bild, das sich andere von ihm machen.
- Fehlende Glaubwürdigkeit ist immer ein Makel. Im Zweifelsfall werden wir uns an denjenigen wenden, dem wir mehr vertrauen.
- Je größer Ihre Glaubwürdigkeit, umso leichter können Sie andere mit Argumenten überzeugen.
- Authentizität bedeutet: den eigenen Weg finden und gehen.
- Ein opportunes Verhalten mag für den Moment Erleichterung verschaffen und vielleicht zu kurzfristigen Vorteilen führen, ist auf Dauer jedoch vor allem kräftezehrend und

verbraucht viel Energie: Freude und Leichtigkeit, Echtheit und Persönlichkeit bleiben dann auf der Strecke.

■ Wer seine eigene Persönlichkeit verbiegt, unecht und gekünstelt wirkt und sich so in eine Person verwandelt, die er gar nicht ist, entfernt sich damit von seinen wahren Potenzialen.

■ Gespräche verlaufen nur dann erfolgreich und können tragfähige Ergebnisse liefern, wenn die Gesprächspartner einander als glaubwürdig empfinden und dem Gesagten Vertrauen schenken. Dafür braucht es authentisch auftretende Gesprächspartner.

Souverän kommunizieren

In allen Gesprächen achten wir – teils bewusst, teils unbewusst – auf die Signale, die unser Gegenüber aussendet. Nach nur wenigen Minuten, manchmal sind es sogar nur einige Sekunden, haben wir uns eine Meinung oder zumindest einen Eindruck von der aktuellen Stimmung des anderen gebildet. Kaum dass wir einige Worte miteinander gewechselt haben, wird das Gegenüber auch schon im Geiste mit positiven oder negativen Attributen versehen: Immer finden sich Anhaltspunkte dafür, ob der Gesprächspartner unsicher, nervös und unkonzentriert oder arrogant oder souverän, unbefangen und aufmerksam auftritt. Mit dieser Einordnung werden nicht nur die Weichen für das gesamte Gespräch gestellt, sie bestimmt zugleich das Bild, das wir uns von einer Person machen. Und haben wir uns hier einmal festgelegt, bleibt dieses Bild meist nachhaltig in unserem Gedächtnis haften.

Leicht wird dabei vergessen: Das Ganze geschieht auch andersherum. Aus der Perspektive unseres Gesprächspartners werden wir ebenfalls kritisch unter die Lupe genommen und in die eine oder andere Schublade gesteckt. Es hängt also viel davon ab, wie wir bei unseren Gesprächspartnern ankommen.

Der Gesprächspartner im Fokus

In wichtigen Gesprächen wird uns unser Gegenüber besonders kritisch betrachten. Denken Sie beispielsweise an Vorstellungsgespräche, Verhandlungen, Kundengespräche und an alle Situationen, in denen Sie andere von etwas überzeugen wollen. In all diesen Momenten hängt Ihr Gesprächserfolg maßgeblich von Ihrem kommunikativen Geschick ab – und das meint letztlich, wie Sie ganz persönlich bei Ihren Gesprächspartnern ankommen. Die Sache wird noch dadurch erschwert, dass manche Gesprächspartner womöglich geradezu auf einen Fauxpas, auf Widersprüche oder Unsicherheiten Ihrerseits lauern.

Je wichtiger ein Gespräch, desto mehr stehen Sie im Fokus Je wichtiger ein Gespräch ist, umso stärker stehen Sie im Fokus der allgemeinen Aufmerksamkeit. Wenn Sie andere Menschen überzeugen und für sich gewinnen wollen, ist wenig Spielraum für Unsicherheiten, Missverständnisse und Kommunikationsstörungen jeglicher Art. Ganz unbestritten haben wir es alle leichter, wenn unsere Qualitäten und Kompetenzen nicht infrage gestellt werden und wir obendrein noch über eine positive Ausstrahlung verfügen. Gemessen wird all dies an unserem persönlichen Auftreten und Verhalten im Gespräch. So findet zum Beispiel selbst größte Kompetenz nur geringe Anerkennung und wenig positive Resonanz, wenn es an einer souveränen Kommunikation hapert.

Einige Menschen versuchen dieser Falle zu entgehen, indem sie im Gespräch ein Gebaren an den Tag legen, das eher einer Mischung aus Überheblichkeit, Selbstprofilierung und autoritärem Verhalten entspricht als echter Souveränität. Sie sind währenddessen gleichwohl davon überzeugt, insgesamt souverän aufzutreten und zu wirken, während sich ihren Gesprächspartnern ein ganz anderes Bild darstellt. Erheblich reduzieren können wir die Gefahr eines solchen oder ähnlichen Fauxpas mit einer bewussten Kommunikation und dadurch, dass wir unsererseits die Gesprächspartner in den Fokus stellen. – Das heißt nicht, dass Sie jedes Wort und jede Geste Ihres Gegenübers auf die Goldwaage legen, sondern dass Sie sich auf Ihre Gesprächspartner einstellen und sich möglichst vorbehaltlos auf sie einlassen.

Wo zwei oder mehr Menschen im Gespräch aufeinandertreffen, gelingt die Kommunikation vor allem dann, wenn alle bereit und in der Lage sind, sich in die Gedankenwelt des Gegenübers zu versetzen.

Eine souveräne Kommunikation ist auf das jeweilige Gegenüber ausgerichtet. Stellen Sie sich einmal vor, Sie müssten jeweils ein Kind, einen Geschäftspartner, Ihren Vorgesetzten und einen guten alten Freund von einer Idee überzeugen. Ganz sicher würden Sie in jedem einzelnen Fall doch sehr unterschiedlich agieren, sogar intuitiv eine andere Ausdrucksweise wählen und ein anderes Auftreten an den Tag legen. In der täglichen Praxis vergessen wir jedoch oft, dass jeder Mensch und jeder Gesprächspartner unterschiedlich ist und wir sie nur dann wirklich erreichen können, wenn wir uns individuell auf sie einstellen.

Wenn das gelingt, rücken wir uns damit selbst in ein positives Licht. Denn jeder Gesprächspartner liebt es, wenn er spürt, dass sein Gegenüber ihn mitsamt seinen Ansichten und Bedürfnissen ernst nimmt, als ebenbürtig betrachtet und entsprechend behandelt. Auf dieser Grundlage gewinnt nicht nur die eigene Persönlichkeit, es lassen sich auch die Gesprächsinhalte wesentlich effektiver transportieren.

Entscheidend: den anderen ernst nehmen

Distanzen überbrücken

Der Adressat unserer Worte ist natürlich das Gegenüber. Mit unserer Kommunikation wollen wir in der Regel etwas Bestimmtes erreichen, beispielsweise einen Gesprächspartner von den eigenen Ideen überzeugen. Ein weiteres Gesprächsziel ist es, selbst als souveräne Persönlichkeit wahrgenommen zu werden. Beides können wir nur erreichen, wenn wir uns auf jeden Gesprächs-partner neu einstimmen. Es hilft niemandem, einen Redeschwall über den Gesprächspartner zu ergießen, ohne zu wissen, welche Sprache er überhaupt spricht. Wenn wir gar nicht wissen wollen, wie ein Mensch „tickt", können wir ihn nicht mit unseren Argumenten überzeugen – und menschlich schon gar nicht.

Denken Sie bei Ihren Gesprächen deshalb daran, mit wem Sie sprechen, über welchen Kenntnisstand diese Person verfügt, wo ihre Empfindlichkeiten liegen und sogar, wie ihre aktuelle Stimmung ist. Passen Sie Ihre Sprache, Ihr Vokabular und Ihr gesamtes Verhalten den jeweiligen Gegebenheiten an.

Eine Sprache sprechen

Mit etwas Einfühlungsvermögen erfahren Sie sehr schnell, welche Sprache Ihr Gegenüber spricht. Wenn Sie eine gemeinsame Sprache finden, wird das ganze Gespräch unter positiven Vorzeichen stattfinden. Alle negativen Gefühle hingegen stehen Ihrer Überzeugungskraft im Weg. Positive Gefühle wecken Sie am besten über eine Sprache, die Interesse, Aufmerksamkeit und Wertschätzung signalisiert.

. . . .

TIPP Es ist sehr nützlich, selbstkritisch über die eigenen Sprach-gewohnheiten nachzudenken. Haben Sie bestimmte Marotten, die Ihre Gespräche negativ beeinträchtigen und die im Laufe der Zeit zur Gewohnheit geworden sind? Nur wenn Sie sich dessen bewusst werden, können Sie positive Veränderungen einleiten.

. . . .

Das alles soll natürlich keine Ermunterung sein, den Gesprächs-partnern nach dem Mund zu reden. Ein souverän auftretender Mensch vertritt seine eigene Meinung – durchaus mit Nachdruck. Doch wird er darauf achten, dass seine Argumente vom Gegenüber verstanden werden und so ankommen, wie sie gemeint sind. Gerade in kontroversen Situationen ist es daher hilfreich, wenn die Gesprächspartner die Verständigung nicht dadurch unnötig erschweren, dass sie sich schon verbal voneinander distanzieren. Wenn in einem Gespräch zwischen den Beteiligten bereits sprachlich Welten liegen, klafft eine Schlucht, die kaum überbrückt werden kann. Eine Verständigung ist dann oft nicht mehr möglich oder wird zumindest sehr schwierig.

Sich auf das Gegenüber einlassen

Jeder Mensch kennt es aus eigener Erfahrung: Allzu oft haben wir den Eindruck, dass uns ein Gesprächspartner nicht versteht, und wir fragen uns, ob er uns überhaupt zugehört hat. Tatsächlich ist eine wirkungsvolle Kommunikation ohne Zuhören nicht möglich. Doch es scheint sehr schwierig zu sein, jemandem wirklich zuzuhören und dabei auch zu verstehen, was er meint.

Wenn wir selbst das Gefühl haben, dass ein anderer nicht ganz bei der Sache ist, gewinnen wir schnell den Eindruck, dass er sich weder für uns persönlich noch für unsere Ansichten und Ideen interessiert. So gehen Sympathiepunkte verloren. Und wenn wir solche Erfahrungen mit der gleichen Person mehrfach machen, werden wir sicher nie einen guten Draht zu ihr bekommen.

Einem Menschen zuzuhören scheint eine leichte Aufgabe zu sein – die Praxis zeigt jedoch, dass es vielen Menschen sehr schwerfällt, sich ganz auf ein Gegenüber einzulassen. Wie kommt das?

Die Standarderklärung dafür ist, dass beim Zuhören unsere Gehirnkapazität rein rechnerisch nur zur Hälfte ausgelastet ist. Diese Zahl ergibt sich daraus, dass theoretisch das Gehirn eines Erwachsenen durchschnittlich 400 Wörter pro Minute verarbeiten kann. Normales Sprechen umfasst aber nur etwa 200 Wörter in der Minute. Das ist zunächst sehr vorteilhaft, da so genug Leistungsvermögen verfügbar bleibt, um das Gehörte zu verarbeiten und eigene Gedanken dazu zu entwickeln, um die Antwort vorzubereiten. Allerdings entfalten diese Prozesse schnell eine Eigendynamik, indem sie die eigenen Gedankengänge immer weiter ausbauen und weiterentwickeln. Und so erfordern sie dann mehr als die zur Verfügung stehenden 50 Prozent der Leistung des Gehirns. Die Folge ist, dass dem Zuhören immer weniger Aufmerksamkeit gewidmet werden kann und das Verstehen des Gehörten dramatisch in den Hintergrund tritt.

Dem anderen Raum geben

Dass Menschen oft schlechte Zuhörer sind, hängt jedoch auch damit zusammen, dass viele glauben, ohnehin schon alles zu wissen. Sie ziehen kaum noch in Erwägung, dass ihr Gesprächspartner Wesentliches zur Sache beitragen kann – oder haben sich innerlich völlig unabhängig von der Meinung eines anderen bereits festgelegt, in welche Richtung es gehen soll. Zudem vergessen wir allzu gern, dass wir selbst geradezu beleidigt darauf reagieren, wenn man uns nicht zuhört, unsere Ansichten nicht wertschätzt und über unsere Absichten hinwegsieht. In diesen Fällen fühlen wir uns übergangen und reagieren gekränkt, was uns jedoch nicht daran hindert, mit unserem Gegenüber in gleicher Weise zu verfahren.

So kann Kommunikation zweifellos nicht gelingen, denn das Ziel von Kommunikation ist ja die Verständigung und die wiederum basiert auf gegenseitigem Verstehen. Und verstehen können Sie nur, wenn Sie dem Gesprächspartner ernsthaft und aufmerksam zuhören. Das heißt also:

Nur wenn Sie ein guter Zuhörer sind, können Sie erfolgreich kommunizieren.

Ob Sie ein guter oder schlechter Zuhörer sind, hängt vor allem von Ihrer Einstellung zum Gespräch und zum Gesprächspartner ab. Ein guter Zuhörer sind Sie dann, wenn Sie Ihr Gegenüber und seine Ansichten verstehen wollen. Wenn Sie sich hingegen von vornherein weder für seine Meinungen noch für seine Person interessieren, werden Sie gedanklich immer wieder abschweifen – und das wird jeder Gesprächspartner spüren.

Gute Zuhörer sind sympathischer

Falls es Ihnen schwerfällt, sich in Gesprächen als guter Zuhörer zu präsentieren, überdenken Sie Ihre Einstellung zum Gespräch und zum Gesprächspartner. Bedenken Sie, dass man das Zuhören nicht simulieren kann – entweder haben Sie Interesse am Gesprächspartner oder nicht. Oft hilft es schon, sich bewusst zu machen, dass wir selbst die Leidtragenden sind, wenn wir uns als schlechter Zuhörer präsentieren. In diesem Fall wirken wir unkonzentriert, uninteressiert und sehr schnell unsympathisch. Das hat Folgen. Denn wir geben eine schlechte Visitenkarte ab, wenn wir mit diesen wenig schmeichelhaften Attributen in Zusammenhang gebracht werden.

Zuhören lässt sich nicht simulieren

Wer wirklich zuhören will, ist dazu auch in der Lage. Dabei ist es sehr hilfreich, wenn wir unsere Aufmerksamkeit deutlich zeigen. Im Optimalfall kann sich unser Gesprächspartner unserer uneingeschränkten Aufmerksamkeit sicher sein und bekommt das Gefühl vermittelt, dass seinen Äußerungen Gehör geschenkt wird und wir ernsthaft verstehen wollen, was er sagen will. Das können wir zum Beispiel durch eine sehr deutliche körperliche Zugewandtheit zum Gesprächspartner signalisieren, die auch den Blickkontakt beinhaltet. Gestische oder mimische Reaktionen, die beispielsweise Einverständnis oder Bedenken ausdrücken, sind ebenfalls Zeichen von Aufmerksamkeit. Ein kurzes Kopfnicken oder ein leicht zweifelnder Blick reichen dafür schon völlig aus.

Wichtig ist, dass wir unsere Bereitschaft signalisieren, konzentriert zuzuhören, und dabei den eigenen Drang, uns mitzuteilen, zurückhalten. Das kann heißen, ganz einfach einmal nichts zu sagen, wenn es angebracht ist. Denn durch Schweigen verdeutlichen wir, dass wir das Gesagte wertschätzen und ihm aufmerksam folgen. Wenn Ihr Gesprächs- oder Verhandlungspartner einmal eine Sprechpause macht, um seine Gedanken zu ordnen und einen neuen Gedanken zu erwägen, sollten Sie in der Lage sein, diese Pause schweigend zu begleiten. Sie zeigen damit ganz

Schweigen kann Gold sein

deutlich, dass Sie am Fortgang der Ausführungen Ihres Gegenübers interessiert sind und ihm selbstverständlich eine Denkpause zugestehen. Mit einer unnötigen Bemerkung, die doch nur das akustische Loch füllen und ein vermeintlich peinliches Schweigen überbrücken soll, würden Sie seinen Gedankengang nur unterbrechen und den Verlauf des Gesprächs stören.

Wer versteht, wird auch verstanden

Es wären fast paradiesische Zustände: Ohne viele Worte zu verlieren gelingt die Verständigung, Absprachen funktionieren, Konflikte treten gar nicht erst auf, Wünsche und Vorstellungen harmonieren, weil man sich gegenseitig versteht. Schließlich ist das elementare Ziel jedes Gesprächs die Verständigung. Wenn es nicht gelingt, etwas so zu sagen, dass es vom Gesprächspartner so verstanden wird, wie es gemeint ist, wird kaum ein Gespräch zum Ziel führen. Tatsächlich sind Missverständnisse jedoch eher die Regel als die Ausnahme. Und Missverständnisse im Alltag völlig auszuschließen, ist unmöglich. Wie schwierig eine unmissverständliche Kommunikation ist, zeigen beispielsweise Gebrauchsanleitungen. – Zwar werden sie von vielen nicht verstanden oder sind zumindest sehr mühsam zu lesen, doch der Hersteller eines Produktes hat alles getan, um rechtliche Konsequenzen auszuschließen. Dieser Fall ist geradezu paradox: Um Missverständnisse rechtlich gesehen auszuräumen, wird als Konsequenz eine Sprache verwendet, die niemand mehr versteht.

Noch schlimmer ist es bei Verträgen zwischen großen Konzernen. Die sind häufig mehrere Hundert oder gar Tausende Seiten lang – als Folge kann eine Einzelperson gar nicht mehr wissen, was genau denn nun vereinbart wurde. Klar ist, Missverständnisse sind ein Feind guter Geschäfte. Deshalb sind die Bemühungen groß, sie möglichst zu vermeiden, was unter Umständen dazu führen kann, dass das Verstehen erst recht erschwert wird.

Das Missverstehen ist eines der größten Probleme der Kommunikation. Ein Missverständnis ist die Differenz zwischen dem Gemeinten und dem Verstandenen. Und diese Differenz kann mitunter gewaltig sein.

Manchmal scheint es, als würden Menschen unterschiedliche Sprachen sprechen. Tatsache ist: Wenn zwei Menschen scheinbar vom Gleichen sprechen, meinen sie nicht unbedingt dasselbe. Die Gefahr, missverstanden zu werden, steigt noch einmal rapide, wenn mehrere Menschen an einem Gespräch teilnehmen, wenn Spannungen zwischen den Beteiligten herrschen oder das Gespräch von Termin- oder anderem Druck geprägt ist. Am Ende erscheint es fast wie ein kleines Wunder, dass überhaupt noch eine Verständigung erzielt werden kann.

Das Gleiche sagen heißt nicht das Gleiche meinen

Kleines Missverständnis, großer Schaden

Im Alltag können Missverständnisse zu kleinen und großen Tragödien führen, die nicht immer ein gutes Ende nehmen. Selbst an anfangs eher harmlosen Missverständnissen können Freundschaften zerbrechen und Beziehungen Schaden nehmen, es können Aufträge verloren gehen und unnötige Kosten entstehen. Dabei sind Missverständnisse in ihren Folgen häufig noch destruktiver als völliges Unverständnis. Denn wer spürt, dass er etwas gar nicht verstanden hat, kann sich entsprechend vorsichtig verhalten und wird im Zweifelsfall nachfragen. Wer etwas falsch verstanden hat, glaubt hingegen, Bescheid zu wissen, und agiert daraufhin falsch.

Missverständnisse lassen sich allerdings nicht völlig vermeiden. Denn jede Äußerung wird von unseren Gesprächspartnern gedeutet. Jeder geht davon aus, dass wir mit dem, was wir sagen, eine Absicht verfolgen. Das ist eine Konstante unserer Kommunikation: Wir bezwecken etwas mit dem, was wir sagen. Deshalb sind wir geradezu darauf programmiert, Aussagen zu deuten und sie zu interpretieren. Nur leider liegen wir damit häufig falsch und wähnen beim Gegenüber Intentionen, die derjenige womöglich gar nicht hat.

Arten von Missverständnissen Sobald Menschen miteinander kommunizieren, entsteht immer die Gefahr, dass man einander falsch versteht oder eine Aussage anders interpretiert, als es der Gesprächspartner gemeint hat. Dabei ist Missverständnis nicht gleich Missverständnis.

Es gibt vier Kategorien von Missverständnissen:

1. Unbeabsichtigte Missverständnisse

In diesem Fall sind die Gesprächspartner grundsätzlich bemüht, sich gegenseitig zu verstehen. Sie formulieren scheinbar klare Botschaften, die auf den ersten Blick auch beim Gegenüber ankommen.

Beispiel: Zwei Gesprächspartner sprechen über das neue Buch eines bestimmten Autors. Doch in Wahrheit sprechen beide über unterschiedliche Bücher, weil der eine nicht weiß, dass es inzwischen ein noch neueres Buch gibt. Die Unterhaltung kann dann eine ganze Weile fortschreiten, bis einem der beiden auffällt, dass sie unmöglich über das gleiche Buch sprechen können. Ebenso gut ist es jedoch möglich, dass beide nach dem Gespräch auseinandergehen und sich über den jeweils anderen und seine Meinung zum Buch wundern.

2. Leichtfertige Missverständnisse

Auch hier sind beide bemüht, sich gegenseitig zu verstehen, doch sind die Botschaften weniger eindeutig und man versichert sich nicht gegenseitig, ob alles richtig verstanden wurde.

Beispiel: Ein Unternehmer und einer seiner Kunden besprechen einen Auftrag und dessen Bearbeitungszeit. Sie vereinbaren einen Termin, der Unternehmer sagt drei Wochen, der Kunde versteht zwei Wochen. Ein solches leichtfertiges

Missverständnis kann im Nachhinein durchaus zu größeren Komplikationen führen.

3. Zufällige Missverständnisse

Wieder sind die Gesprächspartner bemüht, sich gegenseitig zu verstehen, und kommunizieren scheinbar eindeutige Botschaften; sie bestätigen sich sogar das gegenseitige Verständnis. Allerdings benutzt einer der Gesprächspartner einen Begriff oder ein Wort mit einem anderen Wissenshintergrund, was zu einer unterschiedlichen Interpretation des tatsächlich Gesagten führt.

Beispiel: Der Mitarbeiter eines Unternehmens ruft seinen Vorgesetzten an, um sich krank zu melden. Er sagt, er habe eine Grippe. Der Vorgesetzte denkt sich daraufhin, dass er für ein aktuelles Projekt neu planen muss, da der besagte Mitarbeiter jetzt gewiss mindestens eine Woche ausfallen werde. Tatsächlich erscheint der Mitarbeiter nach zwei Tagen wieder zur Arbeit, denn er hatte lediglich einen grippalen Infekt – er kannte den medizinischen Unterschied der beiden Begriffe nicht.

4. Beabsichtigte Missverständnisse

Bei dieser Art von Missverständnissen wird die Anfälligkeit der Sprache von einem Gesprächspartner bewusst ausgenutzt. Gesprächspartner A will Gesprächspartner B täuschen. B ist bemüht, A zu verstehen, und ist sich sicher, dessen Botschaften richtig zu deuten. Er weiß nicht, dass A das Gesagte im Nachhinein vorsätzlich anders interpretieren wird.

Beispiel: A macht B eine Zusage, allerdings in der Absicht, den Wortlaut dieser Zusage später anders zu interpretieren, als B ihn während des Gesprächs versteht. A täuscht seinen Gesprächspartner und will sich später mit dem Hinweis auf ein Missverständnis herausreden. Er sagt zum Beispiel zu seinem Kollegen: „Wenn ich Zeit habe, kann ich das erledigen." B glaubt, die Sache sei damit geklärt, wobei A die Sache von vornherein gar nicht erledigen wollte und sich später damit herausreden wird, dass er eben keine Zeit hatte.

In Anbetracht dieser vier Kategorien von Missverständnissen wird klar, dass eine von Missverständnissen völlig freie Kommunikation nicht möglich ist – zumindest dann nicht, wenn man schnell und unkompliziert kommunizieren möchte. Wir können jedoch Missverständnisse reduzieren und ein hohes Maß an Verständigung erzielen.

Den Gesprächspartner verstehen wollen

Missverständnisse lassen sich insbesondere dann reduzieren, wenn wir selbst versuchen, unsere Gesprächspartner zu verstehen. Deshalb ist es so wichtig, jeden Gesprächspartner ernst zu nehmen und als ebenbürtig zu betrachten. Nur so können wir wirklich hören, was er sagt, und verstehen, was er damit meint. Zumal wir vieles eher indirekt sagen und uns gleichzeitig wünschen, dass unser Gegenüber quasi zwischen den Zeilen liest und errät, was wir sagen wollen. Wir sagen zum Beispiel nicht „Schließ doch bitte das Fenster", sondern „Es ist ganz schön kalt geworden". In solchen Fällen ist es nicht weiter schwierig, die wahre Intention herauszuhören. Doch drücken wir uns in subtileren Fällen weitaus nebulöser aus. Einem Gespräch kommt es deshalb zugute, wenn wir uns möglichst unmissverständlich ausdrücken und gleichzeitig beim Gegenüber auf die leisen Zwischentöne achten. So stellen wir das gegenseitige Verstehen weitgehend sicher und vermeiden Missverständnisse.

Das gegenseitige Verstehen wird erheblich erleichtert, wenn wir bei uns selbst beginnen und erst selbst verstehen, was unser Gesprächspartner meint, um auch vom Gesprächspartner verstanden zu werden. Und natürlich kommt es der Verständigung zugute, wenn wir uns von der Vorstellung trennen, doch schon ohnehin alles zu wissen. Das ist nämlich eine sehr verbreitete Unart. Statt zuzuhören, wird dann lieber schon darüber nachgedacht, was man selbst sagen könnte. So gehen Aufmerksamkeit und Interesse für den anderen verloren und die gegenseitige Verständigung wird erheblich erschwert.

Nehmen Sie sich in wichtigen Gesprächen ein Beispiel an der Kommunikation zwischen Fluglotsen und Piloten: Die Wiederholung des Gehörten schützt hier vor Missverständnissen.

Das beste Mittel gegen Missverständnisse ist das aktive Zuhören. Hierbei geht es darum, nachzuprüfen, ob ein Gesprächspartner die eigenen Ausführungen so verstanden hat, wie sie gemeint waren. Mittels eigener Aussagen über das Wahrgenommene verifiziert der Zuhörer sein eigenes Verständnis. Dieses Überprüfen umfasst sowohl die expliziten Ausführungen des Sprechers als auch das, was „zwischen den Zeilen" kommuniziert wird.

Entsprechend ergeben sich zwei methodische Aspekte: zum einen das Paraphrasieren, das das Verständnis des explizit Gesagten überprüft, und zum anderen das Verbalisieren, das zusätzlich nach dem fragt, was nicht explizit ausgedrückt wurde, jedoch als Teil der Botschaft aufgefasst wird.

Das **Paraphrasieren** dient dem Verständnis dessen, was gesagt wurde. Mit eigenen Worten umschreibt der Zuhörer, was er von den Aussagen des Sprechers verstanden hat. Dabei geht es ausschließlich um das inhaltliche Verständnis des Gesagten, um die Frage nach dem, was der Gesprächspartner ausdrücken will. Keinesfalls sollen Sie hier Ihre Meinung zum Gesagten vortragen oder mit einer Bewertung beginnen. Ihre Ansichten, Schlüsse oder Vorschläge sind hier fehl am Platze. Es geht nur um das Verstehen.

Paraphrasierungen dieser Art könnten beispielsweise folgendermaßen eingeleitet werden:
- „Wenn ich Sie richtig verstehe, dann heißt das …"
- „Sie meinen also, dass …"
- „Anders ausgedrückt …"

- „Ich verstehe Sie so, dass Sie …"
- „Was Sie gesagt haben, verstehe ich …"

Ziel dieser Vorgehensweise ist es, mögliche inhaltliche Missverständnisse oder offene Fragen frühzeitig aufzudecken und zu beheben. Damit räumen Sie potenzielle Probleme, die den gesamten Kommunikationsprozess gefährden könnten, von vornherein aus dem Weg. Außerdem wirkt sich solches Verhalten vonseiten des Zuhörers sehr positiv auf das Gespräch und auf das Verhältnis zum Sprechenden aus.

Das **Verbalisieren** geht nun über die Prüfung des Verstehens der expliziten Äußerungen hinaus. Es geht hier nicht nur darum, was gesagt wurde, sondern vor allen Dingen um das, was nicht gesagt wurde, nämlich um das, was „zwischen den Zeilen" steht. Solche impliziten oder indirekten Aussagen sind in der Regel nicht leicht zu erfassen und treffend zu deuten. Das Verbalisieren dieser mitschwingenden Inhalte ist deshalb keine ganz leichte Übung und muss mit viel Umsicht und Sensibilität durchgeführt werden.

Ziel ist es, das eigene Verstehen von impliziten Andeutungen oder unterschwelligen Aussagen ebenso in Worte zu fassen wie das der expliziten Ausführungen, damit Entschlüsselung und Interpretation auch hier überprüft werden können. Inhalte dieser indirekten Botschaften können vielfältiger Art sein. Sie betreffen beispielsweise:
- Hoffnungen oder Befürchtungen, die der Sprecher mit diesem Gespräch verbindet
- Erwartungen, die er an Sie oder an das Gespräch / die Verhandlung stellt
- Emotionen, die das Gespräch in ihm auslöst
- Bedeutungen, die der Sprecher seinen Äußerungen gibt
- Interessen, die er verfolgt
- Wünsche, die er hat
- das Verhältnis zwischen den Beteiligten
- Vorbehalte, die er gegen Sie oder gegen das Gespräch überhaupt hegt

- Verunsicherungen, Verärgerungen, die im Gesprächsverlauf aufgetreten sind

Entsprechend könnten verbalisierende Sätze beginnen mit:
- „Sie haben die Hoffnung/Befürchtung, dass …"
- „Sie erwarten also …"
- „Diese Frage scheint Sie zu irritieren …"
- „Dieser Punkt ist Ihnen offensichtlich sehr wichtig …"
- „Ihr Interesse betrifft …"
- „Ihr Wunsch wäre es, wenn …"
- „Einige Unstimmigkeiten zwischen uns lassen Sie anscheinend daran zweifeln, ob …"
- „Das klingt, als wären Sie unsicher, ob unser Gespräch …"
- „Sie sind verärgert über …"

Wie Sie sehen, lassen sich mit einem derartigen Vorgehen viele wichtige Aspekte klären. Einige davon – blieben sie unausgesprochen – würden vielleicht niemals erhellt werden. Das Verbalisieren bietet Ihnen die Möglichkeit herauszufinden, ob unterschwellige Bewertungen, (Vor-)Urteile, Erwartungen usw. Einfluss nehmen auf den aktuellen Gesprächsprozess und in welchem Maße sie dies tun. Weitreichende Entscheidungen können davon ebenso betroffen sein wie grundsätzliche inhaltliche Fragen und eben auch das Verhältnis zwischen den Gesprächspartnern.

Nur wer ein wirklich guter Zuhörer ist, kann seine Gesprächspartner verstehen und wird von ihnen verstanden werden.

Souverän argumentieren und überzeugen

Ein wesentlicher Bestandteil einer souveränen Kommunikation ist eine große Überzeugungskraft. Im Beruf zählt die Überzeugungsarbeit vielfach sogar zu den wichtigsten Aufgaben. Das gilt besonders für Führungskräfte, jedoch ebenso für alle Berufstätigen mit Kundenkontakt, die ihre Ideen, Leistungen und Produkte überzeugend präsentieren müssen. Ob und wie gut das gelingt, entscheidet oft über den eigenen beruflichen Erfolg. Wem es nicht gelingt, andere Menschen zu überzeugen, der wird weder seine Ideen durchsetzen noch seine Interessen behaupten können. Die Überzeugungskraft ist deshalb ein bedeutender Karrierefaktor.

Ein unersetzliches Mittel, um die eigene Überzeugungskraft zu stärken, sind gute Argumente. Die Argumentation ist dabei mehr als die reine Wiedergabe von Fakten. Denn in den meisten Fällen entscheiden subjektive Meinungen, Vorurteile und Emotionen darüber, ob wir für ein Argument zugänglich sind oder nicht. Deshalb bringt selbst das scheinbar beste Argument wenig, wenn es beim Gesprächspartner nicht zündet. Es ist nicht nur gut möglich, sondern überaus wahrscheinlich, dass ein und dasselbe Argument bei verschiedenen Menschen eine völlig unterschiedliche Wirkung erzielt. Und manchmal glaubt man, die besten Argumente zu haben, während sie beim Gesprächspartner dennoch nicht ankommen wollen.

Warum manche Argumente ins Leere gehen

Vermutlich haben Sie es selbst schon erlebt: Sie sind umfassend informiert, haben entsprechend viele Argumente zur Hand und glauben, für ein wichtiges Gespräch bestens gerüstet zu sein. Doch während des Gesprächs stellt sich heraus, dass sich Ihr Gegenüber einfach nicht überzeugen lässt. In solchen Fällen erscheint es beinahe, als würde eine unsichtbare Mauer zwischen Ihnen und Ihrem Gesprächspartner stehen: Was auch immer Sie sagen, bei Ihrem Gesprächspartner bewirkt es kaum mehr als ein Achselzucken und Ihre Argumente gehen ins Leere.

Tatsächlich führt oft das, was wir selbst als völlig einleuchtend betrachten, beim Gegenüber nicht zum gewünschten Effekt. In solchen Fällen wurde dann ganz offensichtlich die Perspektive des Gesprächspartners nicht berücksichtigt. Leicht wird vergessen:

Wenn wir selbst ein Argument für absolut überzeugend halten, heißt das noch lange nicht, dass es unseren Gesprächspartner überzeugt. Denn worauf es ankommt, ist, dass ein Argument aus der Perspektive des Gegenübers relevant und stichhaltig erscheint.

Ob ein Argument überzeugend ist oder nicht, entscheidet also allein Ihr Gesprächspartner. Das heißt: Wenn es darum geht, jemanden zu überzeugen, erreichen Sie das vor allem dadurch, dass Sie sich wiederum in die Perspektive Ihres Gegenübers versetzen und die aus seiner Sicht besten Argumente anführen. Das schützt Sie vor Misserfolgen und macht es Ihnen leichter, selbst skeptische Gesprächspartner zu überzeugen.

Der andere entscheidet, ob ein Argument überzeugt

Richten Sie Ihre Argumente zielgenau auf Ihren Gesprächspartner aus. Stellen Sie sich dafür schon vor dem Gespräch auf Ihren Gesprächspartner und seine Situation ein und fragen Sie sich:
- Mit welchen Voraussetzungen und welchem Informationsstand geht mein Partner in das Gespräch?
- Welches sind seine besonderen Interessen und wo liegen seine wunden Punkte?
- Welche Ziele verfolgt er mit dem Gespräch?
- In welcher Stimmung wird er vermutlich in das Gespräch hineingehen?
- Wie ist seine Einstellung zu mir als Gesprächspartner?
- Welche Vorteile und welchen Nutzen zugunsten meines Gesprächspartners kann ich in meine Argumentation einbetten?

Der letzte Punkt ist von besonderer Bedeutung: Denn wir können einem Gesprächspartner nur das schmackhaft machen, was ihm Vorteile und/oder einen Nutzen einbringt. Wo jemand keine Vorteile sieht, wird er sich nicht überzeugen lassen.

Argumente, die überzeugen

Wenn Sie sich in die Welt Ihres Gegenübers versetzen und wissen, wo sein Nutzen und seine Vorteile liegen, können Sie überprüfen, ob Ihre Argumente für Ihren Gesprächspartner tatsächlich von Bedeutung sind oder ob sie an seinen Interessen und Vorstellungen vorbeizielen. Bedenken Sie dabei:

- Indem Sie auf die Situation des Partners eingehen, erkennen Sie, was für ihn wirklich von Bedeutung ist. Das sind Ihre Ansatzpunkte für die Formulierung Ihrer Argumente.
- Überzeugend sind nur Argumente, die sich auf die Wirklichkeit Ihres Gegenübers beziehen. Gute Argumente haben daher einen direkten Bezug zu seinen Interessen, Problemen, Wünschen und Erwartungen.
- Ihr Gesprächspartner kommt mit seinen eigenen Erfahrungen und Ansichten in das Gespräch. Und diese bestimmen wesentlich, ob und wie Ihre Argumente wirken. Das kann bedeuten, dass bestimmte Argumente vom Gegenüber ganz anders bewertet werden als von Ihnen, da sie womöglich in seiner Wirklichkeit von viel größerer oder geringerer Bedeutung sind als in Ihrer.
- Eine gute Argumentation vermittelt, dass damit die Probleme des Gesprächspartners gelöst werden und er Vorteile davon hat, wenn er Ihnen zustimmt. Andernfalls sind die Argumente für ihn irrelevant.
- Alle Problemlösungsvorschläge müssen zur Realität des Gesprächspartners passen und für ihn tatsächlich realisierbar sein. Wenn er sie in seine eigene Lebenswelt nicht integrieren kann, sind sie für ihn nutzlos.

Jede wirkungsvolle und überzeugende Argumentation richtet sich umfassend am Gesprächspartner aus. Ihr Gegenüber ist das Ziel all Ihrer argumentativen Bemühungen.

Stellen Sie sich also auf Ihren Gesprächspartner und auf seine Situation ein und behalten Sie dabei Ihre eigenen Zielsetzungen im Auge. Auf diese Weise können Sie schon in kurzer Zeit Ihre Argumentation entscheidend verbessern und Ihre Überzeugungserfolge spürbar erhöhen. Letztlich erfordert es nicht mehr, als sich in die Perspektive des Gesprächspartners hineinzuversetzen und daraufhin die passenden Argumente zu finden.

Mit Schlagfertigkeit punkten

Ausgeprägte kommunikative Fähigkeiten gelten als Beweis von geistiger Beweglichkeit, Intelligenz, Eloquenz und Überzeugungskraft. Und das sind natürlich Attribute, die gut ankommen und unsere Souveränität unterstreichen. Wir alle müssen uns in den täglichen Gesprächen bewähren und dabei in einem möglichst guten Licht dastehen. Wer etwas erreichen will, kommt nicht daran vorbei, die eigenen kommunikativen Fähigkeiten auszubauen und im rechten Moment zu nutzen. In diesem Zusammenhang wird immer wieder die Schlagfertigkeit als das Mittel der Wahl angeführt, um verbale Angriffe abzuwehren und die eigene mentale Überlegenheit unter Beweis zu stellen.

Allerdings ist die Sache mit der Schlagfertigkeit nicht ganz so einfach. Ein wesentliches Problem: Für viele Menschen ist Schlagfertigkeit das, was ihnen Sekunden, Minuten oder Stunden zu spät einfällt – nur eben nicht genau in dem Moment, in dem man eine schlagfertige Replik gebraucht hätte. Später dann fällt ihnen ein, was sie hätten sagen können und sollen. Doch im Nachhinein nützt einem selbst die geistreichste Antwort gar nichts mehr.

Falsch verstandene Schlagfertigkeit Dieses Phänomen ist derart verbreitet, dass es im Französischen dafür sogar einen eigenen Begriff gibt: „esprit de l´escalier." Wörtlich übersetzt heißt das „der Geist der Treppe" und bedeutet so viel wie „was einem hinterher auf der Treppe einfällt". Genau das ist das eine Problem mit der Schlagfertigkeit, aus dem direkt das nächste resultiert: Weil wir nun alle so gerne schlagfertiger wären, werden eine ganze Menge Patentrezepte, Methoden und Tricks propagiert, die uns schlagfertiger machen sollen. Das Repertoire dieser Strategien reicht von den hundert Killerphrasen über auswendig zu lernende Witze oder Zitate bis hin zu Tipps, einfach irgendeinen Unsinn zu antworten. Sie alle haben gemeinsam, dass sie entweder nicht praxistauglich sind oder von einer völlig falschen Grundannahme ausgehen. Denn bei der Schlagfertigkeit geht es gar nicht darum, die Verbalkeule zu schwingen und dem anderen eins auszuwischen.

 Schlagfertigkeit soll den Gesprächspartner nicht k. o. schlagen und nicht unnötig provozieren, sondern die Gesprächssituation entschärfen und zu einer guten Kommunikation beitragen.

Ziel einer schlagfertigen Rhetorik ist es, einem Gegenüber mit Spontanität den Wind aus den Segeln zu nehmen. Intelligente Schlagfertigkeit führt daher nicht zu einem wechselseitigen Schlagabtausch, sondern hat im besten Falle eine heilsame Wirkung, die deeskalierend auf eine angespannte Gesprächssituation einwirkt.

Intelligente Schlagfertigkeit

Schlagfertigkeit bedeutet ausdrücklich nicht, dass Sie Ihre Gesprächspartner mit einem Schlag zum Schweigen bringen. Andere mundtot machen zu wollen, ist ohnehin überaus kurzsichtig und bringt nicht viel mehr als einen Einmaleffekt. Denn auf diese Weise werden Sie Ihren Gesprächspartner höchstwahrscheinlich nur verprellen – im Beruf kann das schnell bedeuten: einen Kunden zu verlieren. Und im innerbetrieblichen Geschehen führen unbedachte verbale Rundumschläge oft nur zu Problemen, angefangen bei Konflikten über Motivationsverlust bis hin zu mangelnder Gesprächsbereitschaft und bewusstem Zurückhalten von Informationen. Nicht zuletzt führt ein unangebrachtes Kommunikationsverhalten häufig sogar zu einem persönlichen Ansehensverlust.

Eine intelligente Schlagfertigkeit kann jedoch effektiv dabei helfen, in schwierigen Situationen die Oberhand zu behalten, die eigenen Überzeugungen und die eigene Person gegenüber anderen souverän zu behaupten und verbale Angriffe zu parieren, ohne gleich zum Gegenangriff auszuholen.

Schlagfertigkeit meint nicht Gegenangriffe

Intelligente Schlagfertigkeit erfordert in erster Linie vieles von dem, was zum Thema souveränes Kommunizieren bereits beschrieben wurde, und vor allem eine bewusste Kommunikation. Aufmerksamkeit und eine positive Einstellung zum Gesprächspartner bringen Sie auch in Sachen Schlagfertigkeit weiter. Ein Grundsatz der Kommunikation lautet, dass die eigene Einstellung in allen Gesprächen das Verhalten der Gesprächspartner beeinflusst. Wenn Sie also schon mit Vorbehalten und einer negativen Einstellung gegenüber Ihrem Gesprächspartner ins Gespräch gehen, wird sich dies negativ auswirken. Wenn Sie sich hingegen grundsätzlich offen für die Ansichten und die Person Ihres Gesprächspartners zeigen, erhalten Sie schon dadurch eine positive Ausstrahlung und werden viel weniger mit Angriffen konfrontiert.

Mit einer positiven Einstellung werden Sie seltener in Situationen kommen, in denen Sie sich die viel beschworene Schlagfertigkeit herbeiwünschen. Und wenn Sie ein ausgeprägtes Bewusstsein für die eigene Kommunikation sowie für das Kommunikationsverhalten Ihrer Gesprächspartner entwickeln, können Sie viel leichter und wesentlich natürlicher schlagfertig reagieren.

Schlagfertigkeit ist mehr, als wir denken

Je mehr Sie sich mit dem Thema Kommunikation befassen, umso schlagfertiger werden Sie in der Praxis. Dennoch wird es immer wieder Situationen geben, die für Sie überraschend sind, in denen Unstimmigkeiten auftreten oder Sie sogar angegriffen werden. Doch mithilfe einer bewussten Kommunikation können Sie mögliche verbale Angriffe eines Gesprächspartners nicht nur wesentlich treffender beurteilen, es wird Ihnen auch leichter fallen, die jeweils passende Replik zu finden. Und darum geht es letztlich beim Thema Schlagfertigkeit: spontan Lösungen für kritische Gesprächssituationen zu finden. Deshalb ist es nicht nötig, in allen Fällen mit rhetorischen Glanzleistungen zu parieren. Alles, was deeskalierend wirkt, ist gut und richtig.

TIPP   Steigen Sie nicht auf das Niveau eines verbalen Angreifers ein. Bleiben Sie betont sachlich, ohne jedoch überheblich zu agieren.

Das Ziel ist vor allem, die Situation zu entschärfen und die eigene Souveränität zu bewahren. Manchmal müssen wir unser Gegenüber in seine Schranken weisen, jedoch eben nicht verbal erschlagen.

Das Arsenal der Schlagfertigkeit ist überaus vielfältig. Und es kommt darauf an, für jede Situation und jeden Gesprächspartner das richtige Mittel zu wählen:

Humor: Humor ist eines der besten Instrumente der Schlagfertigkeit. Mit einem innerlichen Augenzwinkern bleiben Sie einerseits selbst gelassen und hinterlassen obendrein einen sympathischen Eindruck. Das zeigt, dass Sie offensichtlich über sich selbst lachen können und nicht alles so ernst nehmen. Im besten Fall können Sie Ihrem Gesprächspartner sogar ein Lächeln entlocken und damit zur Entspannung beitragen. So können Sie kritische Situationen positiv lösen, anstatt das Ganze durch einen Gegenschlag noch anzuheizen.

Schweigen: Ja, sogar das Schweigen kann – insbesondere in Verbindung mit der entsprechenden Mimik und Gestik – überaus schlagfertig sein. Ein nachsichtiges Stirnrunzeln hat manchmal mehr Aussagekraft als jede lange Erklärung. Statt gleich auf verbalen Gegenkurs zu steuern – nur um schlagfertig zu erscheinen –, schweigen Sie lieber.

Übergehen: Ähnlich wie beim Schweigen überlegen Sie auch hier, ob Sie wirklich jeden dummen Kommentar gleich beantworten müssen. Manchmal ist es klüger, auf eine Provokation gar nicht erst anzuspringen und so das Gegenüber ins Leere laufen zu lassen. Damit rechnet Ihr Gesprächspartner nämlich in diesem Moment am wenigsten. Und wenn Sie wollen, können Sie die Sache später nochmals aufgreifen.

Zustimmung: Beim Thema Schlagfertigkeit denken viele daran, möglichst schnell Kontra geben zu müssen. Doch manchmal ist das genaue Gegenteil umso schlagfertiger: Eine (übertriebene) Zustimmung zeigt, dass Sie so schnell nicht aus der Reserve zu locken sind und dass Sie Ihre Souveränität wahren.

Spiegeln: Hier halten Sie Ihrem Gegenüber ein Spiegelbild seines Verhaltens und/oder des Gesagten vor. Das kann für den anderen sehr entlarvend sein, denn er wird selbst erkennen, wie unfair die Aussage oder Frage war. Durch Formulierungen wie „Sie meinen, dass …", „Sie sagen, …" oder „Sie setzen voraus, dass …" können Sie den Inhalt des Gesagten spiegeln. Für Ihren Gesprächspartner ist Selbsterkenntnis bekanntlich der erste Schritt zur Besserung.

Durch die Blume: Sagen Sie etwas nicht direkt, sondern indirekt, also durch die Blume gesprochen, ergibt dies eine schlagfertige Antwort, die ihresgleichen sucht. Am besten erkennen Sie dies an einem Beispiel: Werden Sie angegriffen mit „Sie lassen wohl keinen Fehler aus?" und antworten „Sie haben damit also auch schon Ihre Erfahrungen gemacht?", klingt das allemal besser als ein direkter Gegenangriff.

Gegenfragen: Oftmals ist Schlagfertigkeit als Replik auf eine unerwünschte oder unfaire Frage gefordert. In diesen Fällen kann das Mittel der Wahl eine Gegenfrage sein. Mit einer solchen Gegenfrage können Sie einem Angreifer schnell den Wind aus den Segeln nehmen: Auf die Frage „Warum haben Sie diesen dummen Fehler gemacht?" geben Sie eine Frage zurück: „Welchen Fehler hätten Sie denn gemacht?" Auf diese Weise drehen Sie den Spieß einfach um.

Lassen Sie sich nicht treffen!

Sie sehen, dass Schlagfertigkeit sehr unterschiedliche Formen annehmen kann. Schon das Wissen darüber, dass es gar nicht um rhetorische Glanzleistungen geht, kann den Druck nehmen und gibt uns so die Spontanität zurück, die wir brauchen, um in heiklen Situationen passend zu reagieren. Es ist leichter gesagt als getan, doch: Lassen Sie sich nicht treffen. Denken Sie daran, dass es Ihnen schwerer fallen wird, ruhig und souverän zu kontern, wenn Sie auf der Stelle betroffen reagieren. Machen Sie sich bewusst, dass ein dummer Spruch oder dergleichen meist überhaupt nichts mit Ihnen persönlich zu tun hat. Der Angriff sagt viel mehr über den Angreifer aus. Er ist es, der

- nicht mit anderen Meinungen umgehen kann,
- intolerant ist,
- kein Taktgefühl besitzt,
- fehlende Fachkenntnis durch Angriffslust ausgleicht.

Begeben Sie sich in solchen Fällen nicht auf das Niveau Ihres Gegenübers, sondern bleiben Sie souverän und stilvoll, dann meistern Sie derartige Situationen von Mal zu Mal leichter. Denken Sie daran, dass kein Gesprächspartner Sie zwingen oder nötigen kann, seine Worte so zu verstehen, wie er sie gemeint hatte. Es bleibt Ihnen jederzeit überlassen, wie Sie ihn verstehen wollen und wie Sie intelligent und gekonnt kontern.

Lassen Sie sich nicht provozieren!

Sprache, Stimme, Körpersprache

Die drei Instrumente Sprache, Stimme und Körpersprache dienen allesamt dazu, unsere Kommunikation facettenreich zu gestalten. Allerdings hält sich dazu hartnäckig ein Mythos, wonach die Bedeutung einer Botschaft nur zu 7 Prozent durch Wörter, zu 38 Prozent durch die Stimme und zu 55 Prozent durch die Körpersprache transportiert wird. Manchmal wird diese Aussage noch weiter verfälscht, indem behauptet wird, 93 Prozent der Kommunikation liefen nonverbal ab. Das ist natürlich Quatsch! In diesem Fall wäre es ja beinahe gleichgültig, was jemand sagt, wenn denn die Körpersprache stimmt.

Um diesen Mythos zu untermauern, wird gerne auf die 7-38-55-Regel und die Forschungsergebnisse des Psychologen Albert Mehrabian verwiesen (der sich selbst bitter über diese Fehlinterpretation seiner Untersuchungen beklagt). Mehrabian forschte unter anderem zu „stillen Botschaften", die in Sätzen

Missverständnis: Übergewicht nonverbaler Botschaften

wie „Schön, dich zu sehen!" versteckt sind. Wer so angesprochen wird, ahnt, dass die Aussage geheuchelt sein kann. Deshalb achten wir in solchen Fällen verstärkt auf den Klang der Stimme und den Gesichtsausdruck unseres Gegenübers, um die wahre Botschaft zu erkennen. Und in solchen Fällen werden Körpersprache und Stimme tatsächlich stärker bewertet als die reinen Worte.

Dennoch bleibt es natürlich dabei: Die Kommunikation kann nur als Ganzes gesehen werden. Sprache, Stimme und Körpersprache werden in der Regel parallel wahrgenommen und jedes dieser Elemente der Kommunikation hat einen großen Anteil daran, wie wir beim Gegenüber ankommen, ob und wie der andere unsere Botschaften versteht. Dabei ist es wenig sinnvoll und auch nicht möglich, der Sprache, Stimme oder Körpersprache feste Anteile in Prozent zuzuweisen – allein schon deshalb, weil die Kommunikationssituationen zu vielschichtig sind.

Sprache: Mit dem Gesprächspartner eine Sprache sprechen

Wir sprechen eine Sprache – ein Satz, der meist nur unter guten Bekannten oder Freunden fällt. Er drückt aus, dass sich zwei Menschen verstehen, was sowohl wortwörtlich als auch im übertragenen Sinn gemeint ist. Inwiefern sich Gesprächspartner verstehen, hängt tatsächlich zu großen Teilen von der Sprache ab. Zwischen Gesprächspartnern, die schon rein sprachlich nicht zueinander finden, klafft eine Lücke, die kaum zu schließen ist. Das Ziel kann daher nur sein, sich sprachlich dem Gegenüber anzupassen, um eine gemeinsame Sprache zu finden.

Den richtigen Ton treffen | In vielen Fällen geschieht das fast schon von selbst. Beispielsweise käme wohl niemand auf die Idee, mit einem kleinen Kind so zu sprechen wie mit einem Erwachsenen. Sie reden mit Freunden anders als mit Fremden, mit Ihren Chef nicht so wie mit Kollegen usw. Immer geht es darum, den richtigen Ton zu treffen. Denn, wer sich im Ton und Vokabular vergreift, provoziert Distanz und vermindert die Chancen auf eine gute Verständigung.

Erfolgt keine sprachliche Anpassung an den Gesprächspartner, weiß dieser im Extremfall absolut nicht, wovon der andere spricht. Denken Sie doch nur einmal daran, wie es ist, wenn man mit einem versierten Experten über sein Fachgebiet redet. Versteht es der Experte nicht, seine Sprache vom Fachjargon zu befreien, wird er von vielen Menschen einfach nicht verstanden. Manchmal ist man nach solchen Gesprächen genauso schlau wie davor, man ahnt allenfalls, dass der Gesprächspartner vielleicht doch etwas Wichtiges zu sagen hatte. Nur was?

Wer mit anderen spricht, will verstanden werden und den anderen ebenfalls verstehen. Hier ist es eine große Erleichterung, eine Sprache zu finden, die der Situation und den beteiligten Menschen angemessen ist. Dafür braucht es Einfühlungsvermögen und einen Grundton, der zeigt, dass beide Gesprächspartner aneinander interessiert sind und es sich gegenseitig nicht unnötig schwer machen wollen.

Richten Sie Ihre Sprache an den Bedürfnissen Ihres jeweiligen   TIPP
Gegenübers aus.

Eine partnerzentrierte Sprache basiert auf Empathie. Es hilft niemandem, einen Redeschwall über einen Gesprächspartner zu ergießen, ohne zu wissen, welche Sprache er überhaupt spricht. Machen Sie es Ihrem Gesprächspartner daher leicht, Sie zu verstehen, und passen Sie sich seiner Sprache an. Das bedeutet: Wir sind in der Lage, uns sprachlich sehr genau auf jeden einzelnen Menschen einzustellen. Es zeugt von Souveränität, wenn Sie diese Fähigkeit in Ihren Gesprächen einsetzen. Um das gegenseitige Verstehen zusätzlich zu fördern, denken Sie außerdem daran:

- Abschweifungen und jede Langatmigkeit zu vermeiden,
- Fachjargon und Fremdwörter nur zu verwenden, wenn es angemessen ist,
- eine lebendige, plastische Sprache zu verwenden,
- Wiederholungen nur sparsam einzusetzen,
- nicht ewig auf ein und derselben Sache herumzureiten,
- nicht einfach eine Behauptung an die nächste zu reihen,
- Ihren Gesprächspartner nur in Ausnahmefällen zu unterbrechen,
- Ihrem Gesprächspartner Ihr Interesse zu signalisieren und ihm aufmerksam zuzuhören.

Sehr hilfreich ist zudem das Bewusstsein, dass eine Botschaft oder Information nicht das ist, was Sie sagen, sondern das, was bei Ihren Gesprächspartnern ankommt. Die Aufgabe ist es also, sich so auszudrücken, dass unsere Aussagen die Gesprächspartner erreichen und von ihnen richtig verstanden werden. Und mit etwas Einfühlungsvermögen erfahren Sie sehr schnell, welche Sprache Ihr Gegenüber spricht.

Die Stimme: Der Spiegel der Seele

Die beste Sprache und die klügsten Argumente nützen wenig, wenn das Gegenüber sie nicht versteht. Unsere Stimme ist das Instrument der Verständigung schlechthin, wird jedoch selten thematisiert und gleichzeitig vielfach unterschätzt. Dabei entscheidet unsere Stimme nicht nur darüber, ob wir verstanden werden, vielfach hängt von ihr ab, ob wir die Sympathien unserer Zuhörer wecken können.

Die Stimme gilt zu Recht als Spiegel der Seele: Wie ein Mensch spricht, gibt Hinweise auf sein Alter, sein Geschlecht und seine Herkunft. Und es erlaubt einen Blick in sein Innerstes. Emotionen wie Ärger, Freude oder Furcht werden für andere hörbar. Auch auf die Persönlichkeit eines Menschen kann man so schließen. Und sogar psychische und körperliche Erkrankungen schlagen sich in Stimme und Sprechweise nieder. Wer spricht, kann kaum verheimlichen, wie es ihm geht. – Es gibt also gute Gründe, sich mit der eigenen Stimme zu befassen und gleichzeitig in Gesprächen genauer auf die Stimme des Gegenübers zu achten.

Wir alle wissen, dass es oft gar nicht so sehr darauf ankommt, was gesagt wird, sondern vielmehr darauf, wie etwas gesagt wird. Es gibt eine Untersuchung, die zeigt, dass Ärzte mit einer guten (am besten tiefen, beruhigenden) Stimme schneller das Vertrauen der Patienten gewinnen als andere, die ein weniger beeindruckendes Organ haben. Ein und dieselbe Diagnose kann also eine ganz unterschiedliche Wirkung hervorrufen, selbst dann, wenn sich die Worte selbst nicht unterscheiden.

Mit unserer Stimme senden wir neben dem wörtlich Gesagten starke unterschwellige Botschaften aus. Diese können ebenso ein Bild von Ehrlichkeit und Glaubwürdigkeit hervorrufen wie auch Misstrauen erwecken. Mit der Stimme einer Krähe hätten wir es sicherlich schwerer als ein Gesprächspartner mit der Stimmlage einer schnurrenden Katze. Menschen mit einem angenehmen Timbre haben es de facto leichter, ihre Ziele zu erreichen und obendrein die Sympathien ihrer Gesprächspartner zu gewinnen. Eine angenehm klingende Stimme kann sehr einnehmend sein und geradezu anziehend wirken.

Eine angenehme Stimme bringt Sympathien

Der Eindruck, den wir mit unserer Stimme hinterlassen, setzt sich aus den Faktoren Sprechgeschwindigkeit, Lautstärke und Klangfarbe zusammen. Auf die beiden ersten Punkte können wir noch am besten einwirken. Ein zu schnelles Sprechen ist ebenso wenig angebracht wie ein sehr langsames. Weil die meisten Menschen jedoch dazu neigen, ihre Sprechgeschwindigkeit im Gespräch stetig zu steigern (zumal dann, wenn Anspannung im Spiel ist), ist oft eine Ermahnung zur Reduzierung der Geschwindigkeit notwendig. Bei der Lautstärke verhält es sich oft eher so, dass wir zu leise sprechen, was für unsere Zuhörer bei längeren Gesprächen zu einer echten Zumutung werden kann.

Wichtig ist, dass wir im Gespräch nicht darin verfallen, eine monotone Litanei herunterzubeten. Eine angemessene Dynamik mit einigen Wechseln der Geschwindigkeit und unterschiedlichen Lautstärken (je nach Wichtigkeit der Worte) steigert die Aufmerksamkeit unserer Gesprächspartner.

Grundsätzlich wirken dauerhaft hohe Tonlagen anstrengend und ermüdend, sowohl für uns Sprecher als auch für unsere Zuhörer. Daher ist es ratsam, die Stimme bewusst tiefer zu regulieren. – Ein weiterer Faktor ist die Betonung unserer Worte. Aus ihr entsteht die Satzmelodie. Die korrekte Betonung macht ein echtes Verständnis unserer Worte oft erst möglich. Ein Satz wie „Wie gut Sie heute wieder vorbereitet sind" kann durch die Betonung entweder überaus sarkastisch wirken oder aber aufrichtige Anerkennung ausdrücken.

Eine deutliche, klare, rhythmische und melodische Stimme mit abwechslungsreichen Höhen und Tiefen findet immer den besten Anklang.

Die Stimme schulen

Sie können Ihre Stimme durch lautes Lesen schulen, besonders dann, wenn Sie sich dabei aufnehmen. Hierbei entdecken Sie zugleich Ihre Problembereiche. Das Verschlucken von Endsilben, die Vernachlässigung des R in der Aussprache oder häufige Verlegenheitslaute (Ähm, Öh, Mmmh usw.) und mehrfaches Räuspern sind sehr gängige Störfaktoren, die alle gemeinsam haben, dass wir sie selbst beim Sprechen gar nicht wahrnehmen. Wer sich ein wenig Mühe gibt, kann also schon mit einigen kleinen Hilfen viel erreichen und stimmlich bewusster und erfolgreicher kommunizieren.

Körpersprache: Der Körper kann nicht lügen

Die Körpersprache ist eine wichtige Ergänzung zur verbalen Sprache und damit ein unersetzliches Element unserer Kommunikation. Sie hilft uns dabei, das grundlegende Ziel jeder Kommunikation zu erreichen: die gegenseitige Verständigung. Außerdem trägt eine angemessene Körpersprache maßgeblich dazu bei, überzeugender und lebendiger aufzutreten.

Die Körpersprache ist ein unersetzliches Ausdrucksmittel. Mit nonverbalen Signalen geben wir dem Gesprächspartner oder Zuhörer entscheidende Hinweise darauf, wie wir das, was wir mit Worten sagen, tatsächlich meinen. Wenn Sie Ihre Körpersprache bewusst einsetzen, können Sie Ihre Worte mithilfe der nonverbalen Signale unterstreichen und ergänzen. Sie können Ihren Aussagen feine Nuancen geben, Aspekte hervorheben oder hinzufügen und gezielt Bedeutungen erzeugen. Und Sie können Ihre persönliche Überzeugungskraft enorm verstärken. Dafür kommt es jedoch darauf an, dass Sie Ihre Körpersprache nicht gekünstelt oder übertrieben theatralisch einsetzen. Das würde nur unnatürlich und damit unglaubwürdig wirken.

Nur eine authentische Körpersprache ist eine wertvolle Hilfe, um Gesprächspartner zu überzeugen. Denken Sie beispielsweise an einen eher zurückhaltenden Menschen: Eine Untermalung seiner Worte mit großen Gesten würde vor allem übertrieben wirken und sicher nicht überzeugend. Doch schon ein offener Blick und eine aufrechte Körperhaltung können auf dezente Weise wirkungsvolle Signale setzen – ganz ohne Theatralik. Wer hingegen versucht, hinter antrainierten und erzwungenen Gesten seine echte Persönlichkeit oder sein wahres Anliegen zu verstecken, wird über kurz oder lang scheitern. Eine aufgesetzte Körpersprache oder Widersprüche zwischen nonverbaler und verbaler Aussage stören immer das Gesamtbild der Persönlichkeit und werden Irritationen oder sogar Misstrauen wecken.

Nur authentische
Körpersprache
wirkt

Während eines Gesprächs wird jedes Ihrer Worte parallel von körpersprachlichen Signalen begleitet. Die Körpersprache ist dabei in erster Linie eine unverblümte Gefühlssprache. Das bedeutet: Ihre Worte können Sie sehr genau steuern und es ist ein Leichtes, auch das Gegenteil von dem zu sagen, was man wirklich meint. Doch mit Ihrem Körper „sprechen" Sie intuitiv die Wahrheit, die Körpersprache lügt nicht. Genau das kann zum Problem werden – nämlich dann, wenn Ihre Worte und nonverbalen Signale einander widersprechen. Und das kommt in der Praxis häufiger vor, als wir denken. Wenn hingegen Ihre Worte und die Körpersprache das Gleiche sagen, erhöht sich Ihre Überzeugungskraft ungemein, weil Sie parallel auf mehreren Kanälen das Gleiche kommunizieren.

TIPP   Denken Sie daran: Auf Ihr Gegenüber wirken Sie bereits vor Beginn des Gesprächs über Ihre Körpersprache.

Ihre Körpersprache setzt sich aus einem facettenreichen Zusammenspiel mehrerer nonverbaler Signale zusammen. Die wichtigsten davon sind Mimik, Blickkontakt, Gestik und die Haltung. Eine authentische Körpersprache betrifft also die vier Elemente gleichermaßen:

Mimik: Sie können sich nicht einfach nach Belieben die jeweils optimale Miene aufsetzen. Deshalb führt der Weg zu einer positiven Mimik und Ausstrahlung immer über die innere Einstellung. Wenn Sie zuversichtlich in ein Gespräch gehen und bereit sind, sich auf Ihren Gesprächspartner unvoreingenommen einzulassen, sich in seine Situation hineinzuversetzen und ihn ernst zu nehmen, wird dies Ihren Gesichtsausdruck positiv beeinflussen.

Blickkontakt: Die Mimik und der Ausdruck unserer Augen bilden fast immer eine Einheit. Doch Blicke sind mehr als ein erweitertes Mienenspiel, denn jede Form der Kontaktaufnahme erfolgt zuerst über die Augen. Die Augen und die ausgesendeten Blicke werden damit zum wohl wichtigsten nonverbalen Ausdrucksmittel überhaupt. Mit den Blickkontakten ist es jedoch nicht ganz einfach: Zu kurzer Blickkontakt oder ein Ausweichen der Blicke wird oft mit Unsicherheit gleichgesetzt. Man sollte Blickkontakt also bewusst suchen und den Blicken anderer standhalten können, sie allerdings nicht zu lange halten. Kurze Unterbrechungen und ein erneutes Suchen des Blickkontaktes sind hier ein Mittel, um unbehagliche Momente zu vermeiden. Bleiben Sie nur so lange im Blickkontakt, wie Sie und Ihr Gesprächspartner es als angenehm empfinden.

Gestik: Gesten geben Gesprächen ihre Würze, machen sie frischer, lebendiger und erhöhen sowohl die Konzentration als auch die Aufmerksamkeit. Wenn Worte mit ausdrucksstarken (jedoch nicht übertriebenen) Gesten zu einer Einheit verschmelzen, erhöht sich die Nachdrücklichkeit der Aussagen entscheidend. Schon kleine Nuancen sind sehr wirkungsvoll: Ein beiläufiges Kopfnicken wirkt animierend und signalisiert, abhängig von der Situation, entweder Zustimmung oder dass etwas verstanden wurde. Nutzen Sie generell nur Gesten, die sowohl zum Gesagten als auch zu Ihnen selbst passen. Nur so werden Sie Ihre verbalen Aussagen effektiv untermauern.

Körperhaltung: Das Erste, was bei einer Zusammenkunft wahrgenommen wird, ist Ihre Haltung. Und schon aufgrund der Körperhaltung werden sich Ihre Gesprächspartner ein Bild von Ihnen machen. Die Wirkung, die von der Haltung ausgeht, wird dabei meist verallgemeinernd auf den ganzen Menschen übertragen. Mit dem bewussten Einsatz Ihrer Körperhaltung haben Sie daher die Möglichkeit, sich ins rechte Licht zu rücken und zugleich allen voreiligen negativen Rückschlüssen entgegenzuwirken. Denn natürlich macht es keinen guten Eindruck, wenn bereits die gesamte Körperhaltung Schwäche, Desinteresse oder Lustlosigkeit signalisiert. Wenn Sie dagegen schon auf den ersten Blick einen (im wahrsten Sinne des Wortes) aufrichtigen, standfesten und energiegeladenen Eindruck machen, wird man Ihnen meist auch unter eben diesen Vorzeichen gegenübertreten. Allerdings treffen Sie und Ihre Gesprächspartner nun nicht nur stehend aufeinander. Wenn Sie beispielsweise am Konferenztisch sitzen, steht eine gebeugte, schlaffe Haltung mit hängenden Schultern für Unsicherheit, Hilflosigkeit und Verwundbarkeit. Ein gerader, aufrechter und dem Gesprächspartner zugewandter Körper zeugt dagegen von Kompetenz und Selbstsicherheit.

Die Körpersprache als Ganzes ist ein elementarer Bestandteil unserer Kommunikation, dem jedoch oft zu wenig Aufmerksamkeit geschenkt wird. Wir achten und bewerten zwar die Körpersprache anderer Menschen, meist jedoch nur unbewusst. Zugleich vergessen wir vielfach, die eigene Körpersprache gezielt einzusetzen. Machen Sie sich Ihre Körpersprache bewusst, um sie positiv beeinflussen zu können. Und fahren Sie Ihre Antennen aus, um die Körpersprache Ihrer Gesprächspartner bewusst wahrzunehmen, denn so erhalten Sie viele zusätzliche Informationen über den anderen und seine Verfassung und können zielgerichteter und subtiler auf ihn eingehen.

TIPP   Nutzen Sie die Möglichkeit, Ihre Körpersprache gezielt zur Steigerung Ihrer Ausdruckskraft einzusetzen – und achten Sie zugleich auf die körpersprachlichen Signale Ihrer Gesprächspartner. So haben Sie die Möglichkeit, frühzeitig und wirkungsvoll auf Emotionen einzuwirken, und können zugleich die Wirkung Ihrer Worte an der Körpersprache Ihres Gegenübers ablesen.

■ Wenn Sie andere Menschen überzeugen und für sich gewinnen wollen, ist wenig Spielraum für Unsicherheiten,
Missverständnisse und Kommunikationsstörungen.

■ In der täglichen Praxis vergessen wir leicht, dass jeder
Gesprächspartner unterschiedlich ist und wir den anderen nur dann wirklich erreichen können, wenn wir uns
individuell auf ihn einstellen.

■ Viele Menschen sind deshalb schlechte Zuhörer (und
schlechte Gesprächspartner), weil sie glauben, ohnehin
schon alles zu wissen. Sie ziehen kaum noch in Erwägung, dass ihr Gegenüber Wesentliches zur Sache beitragen kann.

■ Falls Ihnen das Zuhören schwerfällt, überdenken Sie
Ihre Einstellung zum Gespräch und zum Gesprächspartner. Denn das Zuhören kann man nicht simulieren –
entweder Sie haben Interesse am Gesprächspartner oder
nicht.

■ Das Missverstehen ist eines der größten Probleme der
Kommunikation. Ein Missverständnis ist dabei die Differenz zwischen dem Gemeinten und dem Verstandenen.

■ Missverständnisse sind in ihren Folgen häufig noch destruktiver als völliges Unverständnis. Denn wer spürt, dass
er etwas gar nicht verstanden hat, kann sich entsprechend vorsichtig verhalten und wird im Zweifelsfall nachfragen. Wer etwas falsch verstanden hat, glaubt hingegen, Bescheid zu wissen, und agiert daraufhin falsch.

■ Missverständnisse lassen sich insbesondere dann reduzieren, wenn wir selbst versuchen, unsere Gesprächspartner zu verstehen.

■ Wem es nicht gelingt, andere Menschen zu überzeugen,
der wird weder seine Ideen durchsetzen noch seine
Interessen behaupten können. Deshalb ist die Überzeugungskraft ein bedeutender Karrierefaktor.

■ Wenn wir selbst ein Argument für absolut überzeugend halten, heißt das noch lange nicht, dass es unseren Gesprächspartner überzeugt. Denn worauf es ankommt, ist, dass ein Argument aus der Perspektive des Gegenübers relevant und stichhaltig erscheint.

■ Intelligente Schlagfertigkeit führt nicht zu einem wechselseitigen Schlagabtausch, sondern hat im besten Falle eine heilsame Wirkung, die deeskalierend auf eine angespannte Gesprächssituation einwirkt.

■ Mithilfe einer bewussten Kommunikation können Sie mögliche verbale Angriffe eines Gesprächspartners nicht nur wesentlich treffender beurteilen, es wird Ihnen auch leichter fallen, die jeweils passende Replik zu finden. Und darum geht es letztlich beim Thema Schlagfertigkeit: spontan Lösungen für kritische Gesprächssituationen zu finden.

■ Stimme und Körpersprache tragen entscheidend zum Verständnis bei oder behindern die Kommunikation. Der Körper lügt nicht.

Der diplomatische Weg

Wo Menschen zusammenleben, miteinander arbeiten und sich beruflich und privat behaupten wollen, wird es immer reichlich Gesprächsbedarf geben. Denn es ist nur natürlich, dass Menschen unterschiedliche Interessen, Bedürfnisse, Neigungen und Ansichten haben und verschiedene Ziele verfolgen. Und selbst, wenn es gemeinsame Ziele gibt, bestehen doch teils völlig unterschiedliche Ansichten darüber, wie ein Ziel am besten zu erreichen ist. Doch letztlich bilden gar nicht die Differenzen das Problem, sondern die Art und Weise, wie mit unterschiedlichen Vorstellungen umgegangen wird. Treffen abweichende Ideen oder Vorgehensweisen aufeinander, können leicht größere Konflikte entstehen – zumal dann, wenn niemand von den eigenen Vorstellungen abrücken will. Und einfach nur nachgeben ist sicher auch keine probate Lösung, weil es uns so nicht gelingen kann, die eigenen Interessen zu vertreten.

Doch statt mit der Brechstange vorzugehen, ist es in den meisten Situationen weitaus effektiver und weitsichtiger, eine für alle Seiten akzeptable Lösung zu finden – also ein Ergebnis zu erzielen, das den eigenen Zielsetzungen gerecht wird und gleichzeitig die Interessen der Gesprächspartner berücksichtigt. Dabei hilft Diplomatie, denn sie bedeutet: einen kühlen Kopf zu bewahren und die eigenen Interessen mit Nachdruck zu vertreten, ohne die Beziehungen aufs Spiel zu setzen.

Mit guten Beziehungen mehr erreichen

Das wesentliche Ziel der Diplomatie ist es, gute, stabile und belastbare Beziehungen herzustellen, sie zu erhalten und möglichst weiter auszubauen. Denn gute Beziehungen machen das Leben leichter und wir alle sind auf sie angewiesen. Gute Beziehungen dienen dem eigenen Wohl, sind hilfreich für die physische und psychische Gesundheit und für die Karriere. Sie sind zudem der beste Helfer in der Not. Das sind gute Gründe, Beziehungen zu pflegen und nicht leichtfertig aufs Spiel zu setzen oder unnötig zu belasten.

Niemand ist allein auf der Welt und völlig unabhängig von anderen Menschen. Um beruflich oder gesellschaftlich voranzukommen, brauchen Sie gute Beziehungen und in vielen Fällen Fürsprecher und Unterstützer. Mit guten Beziehungen kennen Sie im Fall des Falles die richtigen Leute, erhalten Aufmerksamkeit und bekommen Chancen geboten, die andernfalls verloren gingen. Und eingebettet in ein ausgedehntes Beziehungsnetz sind Sie besser und früher informiert als andere, können schneller reagieren und haben größeren Einfluss auf den Verlauf der Dinge. Gute Beziehungen sind zudem vor allem dann nützlich, wenn viel auf dem Spiel steht. In solchen Fällen ist es viel wert, zuverlässige Menschen zur Seite zu haben, die uns wohlgesinnt sind oder die uns von vertrauenswürdigen Personen empfohlen worden sind.

Niemand ist allein auf der Welt

Einzelkämpfer sind im Nachteil

Kürzlich erst hat das Nürnberger Institut für Arbeitsmarkt- und Berufsforschung (IAB) bestätigt, dass die meisten Arbeitsplätze nicht etwa über Anzeigen oder die Arbeitsvermittlung, sondern über persönliche Kontakte besetzt werden. Derzeit geht demnach jede dritte Neueinstellung auf persönliche Kontakte zurück. Bei Kleinbetrieben spielen Tipps aus dem Bekanntenkreis sogar noch eine größere Rolle. Dort beträgt der Anteil demnach

Jede dritte Neueinstellung durch persönliche Kontakte

47 Prozent. Und wenn es darum geht, die nächste Karrierestufe zu erklimmen, sind wir so gut wie immer auf Fürsprecher angewiesen. Gute Beziehungen zahlen sich also eindeutig aus.

Das gilt ebenfalls für ambitionierte Zielsetzungen und alle schwierigen Situationen: Der Einzelkämpfer kommt hier schnell an einen Punkt, an dem unüberwindbare Hindernisse im Wege stehen. Viele solcher Hürden lassen sich mithilfe guter Beziehungen sehr rasch und effizient aus dem Weg räumen, während wir uns im Alleingang die Zähne an ihnen ausbeißen würden. Oft ist es tatsächlich Gold wert, im richtigen Moment auf bestehende Kontakte und gute Beziehungen zurückgreifen zu können. Allerdings müssen wir manchmal frustriert feststellen, dass es uns an den richtigen Kontakten fehlt oder dass sich die Beziehungen als weniger zuverlässig erweisen, als wir gehofft hatten. Viele Menschen beginnen erst in solchen Momenten, sich nach den passenden Unterstützern umzuschauen – und werden vielleicht niemanden finden, der sich für sie einsetzt. Deshalb ist es weitsichtig, Vorsorge zu treffen und gute Beziehungen aufzubauen (und sie zu erhalten), noch bevor wir in der Klemme stecken.

Wer Teil eines belastbaren und zuverlässigen Beziehungsnetzes ist, kann Probleme oder entstehende Engpässe schnell und wirkungsvoll bekämpfen.

Nahezu jeder Mensch kann auf ein privates Beziehungsnetz zurückgreifen: Von der Familie, Freunden, Nachbarn, Bekannten nehmen wir Hilfe gern an und sind für sie gleichzeitig selbst zur Stelle, wenn Not am Mann ist. Wir nutzen unsere Beziehungen, um uns und den anderen das Leben leichter zu machen. Dabei geht es gar nicht unbedingt um wirklich große Angelegenheiten. Vielmehr sind es meist die vielen kleinen Tücken des Alltags, die sich mithilfe eines Netzwerks besser bewältigen lassen: der freundliche Nachbar, der im Urlaub die Blumen gießt;

ein Freund, der den abgestürzten Computer wieder betriebsbereit macht, oder ganz einfach die helfende Hand, die im richtigen Moment zur Stelle ist und mit anpackt.

Brücken in die Welt von morgen

Die Anzahl der Situationen, in denen wir auf gute Beziehungen setzen, um uns das Leben zu erleichtern, ist nahezu unbegrenzt. Viele dieser großen und kleinen Hilfen nehmen wir wie selbstverständlich an und denken nicht weiter darüber nach. Erst wenn sie ausbleiben, merken wir, welch große Bedeutung sie für uns haben und wie sehr sie das Leben vereinfachen. Nahezu jeder stand schon vor Situationen, in denen er allein aufgeschmissen gewesen wäre, hätte er im entscheidenden Moment nicht auf die Unterstützung aus dem persönlichen Beziehungsnetzwerk zurückgreifen können. Und nicht zu vergessen: Was einen Menschen mit guten Beziehungen einen Anruf oder zwei, drei E-Mails kostet, würde im Alleingang mitunter die größten Mühen verursachen oder wäre sogar von vornherein zum Scheitern verurteilt. Unter anderem deshalb gilt die Fähigkeit, Beziehungen bewusst zu gestalten, längst als eine der wichtigsten Kompetenzen des 21. Jahrhunderts.

Beziehungen
erfordern
Gegenseitigkeit

Letztlich ist weniger die Anzahl von Menschen, die wir kennen, entscheidend, vielmehr kommt es auf die Qualität der Beziehungen an. Ohnehin sind wir nicht dazu in der Lage, zu unzähligen, x-beliebigen Menschen eine stabile Beziehung aufzubauen. Wir müssen also zwangsläufig selektieren – und dann in die Beziehungen investieren. Denn Beziehungen beruhen nun einmal auf Gegenseitigkeit. Jede Einseitigkeit führt über kurz oder lang zum Abbruch einer Beziehung. Sie können also nicht nur nehmen, sondern müssen selbst etwas zu bieten haben. Vielleicht verfügen Sie über interessante Informationen oder kennen jemanden, der solche Informationen haben könnte. Und wenn Sie selbst nicht direkt weiterhelfen können, können Sie zumindest darüber nachdenken, ob Sie Ihre eigenen Kontakte nicht spielen lassen können. In vielen Fällen kennt man jemanden oder jemanden, der jemanden kennt. Es geht darum, Beziehungen herzustellen und die Beziehungen zum beiderseitigen Vorteil zu erhalten.

Man wird Ihnen bereitwillig und sogar mit Freude zur Seite stehen, wenn man sich im Gegenzug auf Sie verlassen kann. Deshalb gelten gute Beziehungen in der Diplomatie als „Brücken in die Welt von morgen". Wir wissen heute noch nicht, welche Probleme auf uns zukommen werden. Wir wissen nur, dass es gerade bei größeren Vorhaben nicht völlig reibungslos gehen wird. Wer über gute Beziehungen verfügt, ist auf alles vorbereitet und wird – beruflich und privat – selbst von größeren Hürden nicht aufgehalten.

Wir vergessen viel zu oft, wer uns überhaupt geholfen hat, unsere Woche durchzustehen, unsere Ziele zu erreichen, und wer uns so vieles abgenommen hat. Lernen Sie deshalb, die Beziehungen, die Ihnen wichtig sind, immer wieder neu wertzuschätzen, und nehmen Sie sie nicht als Selbstverständlichkeit hin. Pflegen Sie Ihre Beziehungen, denn Sie sind überaus kostbar.

Zu Beginn des Kapitels hieß es, dass es das Ziel der Diplomatie sei, gute, stabile und belastbare Beziehungen herzustellen, sie zu erhalten und sie möglichst weiter auszubauen. Ob uns all dies gelingt, hängt von unserer eigenen Achtsamkeit ab und – wie so oft – von der Kommunikation. Denn Konflikte und Kontroversen sind eine normale und unausweichliche Begleiterscheinung des menschlichen Miteinanders, auch im Kontakt zu Menschen, mit denen uns gute Beziehungen verbinden.

Vielfach bilden Konflikte und Kontroversen den Anlass für Diskussionen, die zuweilen zu wahren Streitgesprächen eskalieren und letztlich in der Sache nichts klären, sondern stattdessen die Beziehung zwischen den Beteiligten nur noch weiter belasten. Wer diplomatisches Geschick an den Tag legt, wenn es darauf ankommt, kann sich und seinen Gesprächspartnern damit unnötige Reibereien ersparen. Das heißt nicht, dass jeder Gesprächspartner mit Samthandschuhen angefasst werden müsste. Diplomatie meint im Gegenteil sogar, dass die Dinge beim Namen genannt und auf den Tisch gelegt werden – allerdings unter Berücksichtigung der Empfindlichkeiten und Bedürfnisse des jeweiligen Gesprächspartners. Es geht darum, die eigenen Überzeugungen wirkungsvoll zu vertreten und tragfähige Gesprächsziele zu erreichen, ohne dabei verbrannte Erde zu hinterlassen und Beziehungen fahrlässig aufs Spiel zu setzen.

Sachlich und fair statt emotional und provokant

In der Praxis sind es tatsächlich nicht einmal unterschiedliche Standpunkte, sondern vielmehr die mitköchelnden Emotionen und daraus resultierende Provokationen, die zu einer Belastungsprobe für Beziehungen werden können. Hochkochende Emotionen und blank liegende Nerven sind nie eine gute Ausgangslage, um im Gespräch angemessene Lösungen für schwierige Situationen zu finden. Eine weitaus praktikablere Alternative dazu ist die diplomatische Form der Gesprächsführung, die mehr auf Sachlichkeit und Fairness und weniger auf Emotionen und Provokationen aufbaut.

Erfolgsdruck, Überforderung, Fehler, Missverständnisse, persönliche Angriffe und wunde Punkte – die Liste der Möglichkeiten, in eine emotional aufgeladene Gesprächssituation zu geraten, ist nahezu unendlich. Unter solchen Vorzeichen wird es schwierig, im Gespräch überhaupt noch eine tragfähige Übereinkunft zu erzielen. Der diplomatische Weg bedeutet in diesem Zusammenhang, sich frühzeitig zu wappnen, um gar nicht erst in einen destruktiven Kreislauf aus hochkochenden Emotionen und Provokationen hineinzugeraten.

Weitsichtig handeln

Die diplomatische Gesprächsführung ist immer eine faire Gesprächsführung, die auch die emotionalen Aspekte eines Gesprächs berücksichtigt, damit es erst gar nicht zu Gefühlsausbrüchen und in deren Folge zu Abwehrreaktionen kommt. Deshalb ist Diplomatie seit je die Kunst der Cleveren, die Interessengegensätze geschickt auszugleichen wissen und so schneller, besser und nachhaltiger zum Ziel kommen. Dabei ist es weitsichtig, gerade in heiklen Gesprächen die Emotionen bewusst etwas herunterzufahren. Natürlich lassen sich Emotionen nie ausklammern. Doch hilft es, sich bei emotional aufgeladenen Themen bewusst auf das Sachthema zu konzentrieren.

Das bedeutet, wo ohnehin schon starke Emotionen im Spiel sind, sind Sie gut beraten, diese im Gespräch nicht noch zusätzlich zu schüren. Versuchen Sie also, vorgefasste Meinungen und Urteile, die Sie sich bereits im Vorfeld über den Gesprächspartner gebildet haben, beiseite zu lassen. Gehen Sie möglichst unvoreingenommen in das Gespräch: Bewerten Sie nicht die Meinungen Ihres Gegenübers, sondern versuchen Sie, seine Ansichten zu verstehen. Schon hierdurch mindern Sie das Risiko, dass negative Emotionen überhaupt entstehen.

Empfindlichkeiten nicht ausnutzen

Sie können starke Emotionen nur dann eingrenzen, wenn Sie wissen, was diese Emotionen anfacht. Niemand kann Emotionen völlig unter Verschluss halten. Wenn ein Gespräch auf reiner Sachebene nicht möglich scheint, ist es daher sogar geboten, die aktuell wirkenden Gefühle zu thematisieren, um etwaige Irritationen, Schwierigkeiten oder unterschwellige Botschaften bei der Kommunikation aufzuklären. Wer die Gefühle des Gesprächspartners kennt, wird ihn sicherlich besser verstehen. Und wer die eigenen Gefühle mitteilt, wird insgesamt besser verstanden werden. Deshalb kann es durchaus Situationen geben, in denen es geboten ist, die Sachebene bewusst zu verlassen und Emotionen zu thematisieren.

Emotionen
sensibel
thematisieren Wenn wir zum Beispiel spüren, dass unser Gegenüber frustriert, sehr angespannt oder ganz allgemein emotional betroffen ist, bringt es wenig, das Gespräch auf reiner Sachebene weiterzuführen. Im Gegenteil: In solchen Momenten kann eine betonte Sachlichkeit sehr kühl und geradezu provozierend wirken. Hier brauchen Sie auf jeden Fall viel diplomatisches Geschick und Fingerspitzengefühl. Es ist nicht erforderlich, Emotionen explizit anzusprechen, wenn sie ein Gespräch begleiten, ohne es negativ zu beeinflussen. In diesem Falle ist es allerdings hilfreich, sie zu erkennen und bei der Gesprächsführung im Auge zu behalten. Wird der Gesprächsverlauf von den eigenen oder den Emotionen des Gegenübers jedoch gestört, weil sie das sachliche Thema überlagern oder die Beziehung der Gesprächspartner stark belasten, ist es unausweichlich, die Gefühle selbst zum Gesprächsgegenstand zu machen. Das allerdings erfordert erhöhte Achtsamkeit. Wenn Sie im Gespräch gezielt Emotionen ansprechen, achten Sie unbedingt darauf,

- dass es nicht darum geht, dem Gegenüber einen Vorwurf zu machen,
- die Gefühle Ihres Gesprächspartners nicht herunterzuspielen beziehungsweise als übertrieben darzustellen,
- alle Emotionen und die daraus resultierenden Ansichten ernst zu nehmen,
- sich mit Bewertungen zurückzuhalten.

Beachten Sie außerdem: Wenn Sie die Gefühle Ihres Gegenübers ansprechen, können Sie nie mit absoluter Sicherheit wissen, was wirklich genau in ihm vorgeht. Berücksichtigen Sie das bei Ihren Formulierungen – statt einfach zu behaupten, der andere fühle nun dieses oder jenes. Hilfreicher ist es, Fragen zu stellen und generell vorsichtig zu formulieren. So zeigen Sie, dass Sie die Gefühle Ihres Gesprächspartners wahrnehmen, ernst nehmen und gleichzeitig darum bemüht sind, ihn besser zu verstehen. Das wirkt sich insgesamt positiv auf das Gespräch aus.

Übrigens ist die Befürchtung unbegründet, dass das Ansprechen von Emotionen dazu führen könnte, dass die Situation erst recht eskaliert – solange Vorwürfe, Schuldzuweisungen und Provokationen dabei ausbleiben. Das Bewusstmachen und das Thematisieren der Emotionen führen häufig schon zu einer Verringerung der Intensität des Gefühls. Eine Eskalation ist dann also eher nicht zu befürchten. Heikel wird es nur, wenn man dabei die eigenen Gefühle nicht gut unter Kontrolle hat. Doch auch die eigenen Gefühle anzusprechen, macht einen nur auf den ersten Blick angreifbar. Sicherlich, man öffnet sich, zeigt eine persönliche Seite. Doch das bedeutet nicht, dass man Schwäche zeigt. Im Gegenteil:

Wer souverän zu seinen Gefühlen steht, signalisiert sogar persönliche Stärke. Und wer klar und offen die eigenen Gefühle thematisiert, um das Gespräch vorwärtszubringen, glänzt zudem mit einer konstruktiven Gesprächseinstellung und stärkt so die Beziehung zum Gesprächspartner.

Gemeinsamkeiten gibt es immer

Eine gute Beziehung ist besonders dann von Vorteil, wenn größere Differenzen bestehen. Denn der Gesprächspartner, mit dem uns eine gesunde Beziehung verbindet, geht zunächst einmal davon aus, dass wir ihn nicht hinters Licht führen wollen. Deshalb ist es oft weitaus schwieriger, einen völlig unbekannten Menschen zu überzeugen oder jemanden, mit dem uns eher eine angespannte Beziehung verbindet. Die Vorbehalte sind hier größer und das Vertrauen, das uns geschenkt wird, ist geringer. Wir kennen es aus den Auseinandersetzungen zwischen Staaten, wo der diplomatische Gedanke bekanntlich seinen Ursprung hat: Befreundeten Staaten fällt es stets leichter, für Probleme eine Lösung zu finden, als anderen Staaten, die sich seit jeher in gegenseitiger Feindschaft gegenüberstehen. In letzterem Fall herrscht gegenseitiges Misstrauen, sogar Missgunst; und selbst kleinere Differenzen können schnell zu einem unüberbrückbaren Hindernis werden.

Das gilt ähnlich für unsere Gespräche, zumal wir dazu neigen, den Blick vor allem auf die Differenzen zu richten, wobei wir dann die Gemeinsamkeiten leicht übersehen. Ein Leitgedanke der Diplomatie ist daher:

Gemeinsamkeiten gibt es immer. Man muss sie nur finden und finden wollen.

Gemeinsamkeiten werden leicht übersehen In unendlich vielen Situationen wird übersehen, dass bereits eine gemeinsame Basis besteht. Das betrifft alle Gesprächssituationen, private ebenso wie berufliche: Wenn ein Paar darüber diskutiert, in welcher Farbe es die Küche neu streichen will, sind beide sich bereits einig darüber, dass sie das Zimmer renovieren wollen. Wenn ein Unternehmer und ein Angestellter über eine Gehaltserhöhung verhandeln, scheint es, als könnten die jeweiligen Interessen kaum unterschiedlicher sein. Doch beide wollen eine zufriedenstellende Lösung finden. Der Unternehmer will seinen Angestellten behalten und der Angestellte seinen Job. Beide haben letztlich ähnliche Interessen.

Tatsächlich ist kaum eine Situation denkbar, in der es ausschließlich Differenzen zwischen den Beteiligten gibt. Irgendwo wird es immer eine Schnittmenge und gemeinsame Interessen geben. Wir neigen jedoch dazu, primär auf die Differenzen zu achten, statt Gemeinsamkeiten hervorzuheben und diese zur gemeinsamen Basis zu erklären und als Ausgangspunkt für eine Lösungsfindung zu nehmen.

Vielfach sind wir unterschiedlicher Meinungen und vertreten abweichende Positionen, obwohl wir bei genauerem Hinsehen das gleiche oder zumindest doch ein ähnliches Ziel haben. Versuchen Sie daher bei jedem Disput, Gemeinsamkeiten und gemeinsame Interessen zu finden – allerdings, ohne diese bemüht zu konstruieren. Oft reicht es schon aus, sich zu vergegenwärtigen, dass man letztlich ein gemeinsames Ziel verfolgt, sodass es gar nicht nötig ist, spitzfindig Gemeinsamkeiten herbeizureden, die womöglich allzu weit hergeholt sind. Differenzen sind zunächst nichts Negatives. Das Gespräch ist dazu da, die Details zu klären, die jeweiligen Positionen zu erläutern und die Interessen miteinander in Einklang zu bringen. Das gelingt am besten, wenn wir dabei die Gemeinsamkeiten im Auge behalten.

Hinter den scheinbar gegensätzlichen Positionen liegen Interessen, die ausgleichbar sind oder miteinander in Einklang gebracht werden können. Dafür müssen wir jedoch wissen, was genau überhaupt die Interessen unseres Gesprächspartners sind. Erst wenn wir wissen, warum jemand welche Standpunkte einnimmt, können wir sie nachvollziehen und erhalten die Möglichkeit, dem Gegenüber einen Schritt entgegenzukommen.

Nach dem Warum fragen

Treffen lediglich zwei Positionen aufeinander und erkennen wir die Interessenlage dahinter nicht, kommt es schnell zu einem Konflikt – und wir haben nicht einmal die Möglichkeit, wirkungsvoll gegenzusteuern. Sobald wir jedoch die Interessen des Gesprächspartners kennen und verstehen, ist eine Lösung meist schnell in Sicht. Und wir sind gut beraten, auch – oder gerade – in kontroversen Gesprächen nicht von vornherein auf Konfrontationskurs zu gehen. Selbst wenn Gegensätze und Meinungen unüberbrückbar erscheinen und Ihre persönlichen Ansichten sich ganz erheblich von denen des Gesprächspartners unterscheiden, bringt die direkte Konfrontation Sie nicht weiter. Mit einem Ringen um Positionen werden Sie erst recht keine Lösung finden. Deshalb ist es hier klüger, sich trotz aller Gegensätze auf den gemeinsamen Nenner zu konzentrieren. Damit geht in der Regel auch jede Feindseligkeit verloren.

Häufig ist es so, dass nur einer der Gesprächspartner einen Anfang damit machen und den Konfrontationskurs bewusst vermeiden muss, um das Gespräch in konstruktive Bahnen zu lenken. Dann können selbst kontroverse Gespräche sehr fruchtbar sein und vielleicht sogar im ersten Anlauf zu einer Lösung führen. Gerade für sehr kontroverse Gespräche gilt deshalb:

- Akzeptieren Sie die unterschiedlichen Meinungen.
- Fragen Sie nach dem Warum des möglichen Interessenkonflikts.
- Nötigen Sie Ihren Gesprächspartner nicht zum Nachgeben.
- Setzen Sie Ihre Erwartungen nicht zu hoch an, um so den Druck aus dem Gespräch zu nehmen.
- Betrachten Sie Ihren eigenen Standpunkt nicht als unverrückbar.
- Beschreiten Sie den diplomatischen Weg und nehmen Sie die Gemeinsamkeiten als Basis für die Suche nach Lösungen.

Unter diesen Voraussetzungen können Sie selbst unter erschwerten Bedingungen noch gute Gespräche führen. Und falls Sie glauben, wirklich keine Gemeinsamkeiten finden zu können – denken Sie über den Gesprächsgegenstand hinaus. Zu den möglichen Gemeinsamkeiten zählen nicht nur die Interessen, sondern auch persönliche Attribute wie Alter, Herkunft, Wohnort, Studium, gemeinsame Freunde und Bekannte und natürlich der Beruf.

TIPP Es gibt immer etwas Verbindendes. Nutzen Sie diese Gemeinsamkeiten, statt die Differenzen hervorzuheben.

Je größer die Schnittmenge ist, die Sie mit Ihrem Gesprächspartner haben, desto besser wird der Draht zwischen Ihnen beiden sein – und umso eher werden Sie echte Gesprächsergebnisse erzielen.

Diplomatisch verhandeln

Verhandlungen sind vielen Menschen unangenehm, manche haben geradezu Angst davor. Dabei unterscheiden sie sich letztlich kaum von anderen Gesprächssituationen, in denen es darum geht, wichtige Fragen zu klären. Ohnehin sind Verhandlungen etwas Alltägliches, nur nehmen wir viele Verhandlungen gar nicht als solche wahr. Wir verhandeln schließlich nicht nur um unser Gehalt oder mit Kunden um die Konditionen von Aufträgen, sondern nahezu täglich um große und viele kleine Dinge: mit den Kindern um das Taschengeld und darum, wann sie ins Bett gehen müssen, mit dem Partner um die Wahl des Urlaubsortes, darum, wer zu Hause welche Aufgaben erledigt, oder mit einem Verkäufer um die Konditionen beim Autokauf. Wir haben also jede Menge Erfahrungen mit dem Thema Verhandlung.

Zudem setzen wir in unseren privaten Verhandlungen meist intuitiv auf eine bewährte Methode: Wir versuchen ein Ergebnis zu finden, mit dem alle Beteiligten zufrieden sind. Und das aus gutem Grund. Schließlich wird es in Zukunft viele weitere Verhandlungen ganz ähnlicher Art geben und niemand will es sich mit seinen Kindern, dem Lebenspartner oder Freunden dauerhaft verscherzen. Schon deshalb sind wir in unserer alltäglichen Verhandlungspraxis bestrebt, Lösungen zu finden, die allen Seiten Vorteile bringen. Wäre das nicht der Fall, hätte zumindest eine Partei gar kein Interesse an einer Verhandlung – die Verhandlung wäre zwecklos.

Privat suchen wir intuitiv Verhandlungslösungen

In professionellen Verhandlungen ist das nicht anders. Auch hier geht es darum, dass alle Verhandlungspartner mit dem erreichten Ergebnis zufrieden sind. Genau das ist der Ausgangspunkt für erfolgversprechende Verhandlungsstrategien:

Gute Verhandlungen kennen keine Verlierer, beide Parteien gehen als Gewinner aus der Verhandlung.

Dennoch oder gerade deshalb bleibt eine Verhandlung ein anspruchsvolles Gespräch, weil hier unterschiedliche Interessenlagen aufeinandertreffen und trotzdem eine Einigung mit Vorteilen für beide Seiten erzielt werden muss.

Weil in beruflichen Verhandlungssituationen oft viel auf dem Spiel steht und die Verhandlungspartner unter Erfolgsdruck stehen und sich keinesfalls über den Tisch ziehen lassen wollen, ist die Anspannung oft groß. Und so manche Verhandlung verläuft zäh und gestaltet sich schwierig. Natürlich ist es nicht in allen Fällen einfach, eine Einigung zu finden – vor allem dann nicht, wenn die Vorstellungen der Verhandlungsparteien sehr stark voneinander abweichen und womöglich beide Verhandlungspartner unnachgiebig auf ihren Positionen beharren.

Wir können uns jedoch sicher sein, dass keine der Verhandlungsparteien ein Interesse daran hat, die Verhandlung ergebnislos abzubrechen, denn dadurch ginge der erhoffte Vorteil verloren. Deshalb sind die Verhandlungspartner in der Regel bemüht, sich an die Positionen des anderen langsam heranzutasten. Eine ergebnislose Verhandlung ist (von sehr spezifischen Fällen abgesehen) fast nie der richtige Schritt, um die eigenen Ziele zu erreichen.

Typische Verhandlungsgrundsätze

Für Verhandlungen gelten deshalb drei Grundsätze:

1. Eine Übereinkunft soll erzielt werden, sofern nicht tatsächlich unüberwindliche Hindernisse auftreten.
2. Das Verhandlungsergebnis soll das Verhältnis zwischen den Parteien möglichst verbessern. Das Ergebnis darf die Beziehung jedoch zumindest nicht belasten.
3. Welche Übereinkunft auch immer gefunden wird, sie muss realistisch und in der Praxis umsetzbar sein. Im Optimalfall werden dabei die Interessenlagen aller Parteien im höchstmöglichen Maß erfüllt. Neben den Interessen der direkt an der Verhandlung Beteiligten soll die Übereinkunft außerdem die Interessen Dritter, die ebenfalls vom Verhandlungsergebnis betroffen sind, berücksichtigen.

Denken Sie bei all Ihren Verhandlungen an diese drei Grundsätze. So schützen Sie sich und Ihren Verhandlungspartner davor, dass die Verhandlung in ein Feilschen um Positionen ausartet und schließlich einer von beiden den Kürzeren zieht.

Der dauerhafte Erfolg zählt

Immer noch gibt es Menschen, die ihre eigene Härte und die eiserne Unverrückbarkeit ihrer Verhandlungspositionen preisen. Sie vergessen dabei allerdings, dass sie damit – zumindest langfristig – ein Eigentor schießen. Denn der Erfolg hängt letztlich von der Frage ab: Ist der Vorteil von Dauer? Genau das ist jedoch oft nicht der Fall, wenn der Vorteil mit der Brechstange erzielt wurde. Denn ein Verhandlungspartner wird möglichst nie wieder mit dem vermeintlichen Gewinner verhandeln, wenn er von ihm einmal übervorteilt wurde. Oder würden Sie bei einem Verkäufer, der Sie offensichtlich übers Ohr gehauen hat, wieder etwas einkaufen oder ihn einem Bekannten empfehlen? Sicher nicht. So verkehrt sich ein kurzfristiger Vorteil ganz schnell ins Gegenteil. Und falls Sie tatsächlich mit einem solchen wenig weitsichtigen Verhandlungspartner erneut verhandeln sollten, dann werden Sie sich gewiss gut vorbereiten, sehr vorsichtig sein und keinerlei Zugeständnisse mehr machen.

Wo es nur noch um ein Ja oder ein Nein geht, ist kein Raum für konstruktive Lösungen. Dann gibt es letztlich gar nichts mehr zu verhandeln, vielmehr wird nur noch zugestimmt oder abgelehnt.

Diplomatisch verhandeln bedeutet deshalb, die eigenen Ziele zu erreichen, ohne dabei die Beziehung zum Verhandlungspartner zu gefährden. Das wird nur gelingen, wenn sich die Verhandlungspartner auf die gemeinsamen Interessen konzentrieren und dafür weniger auf die unterschiedlichen Positionen. Auf dieser Grundlage entstehen sofort ganz andere Rahmenbedingungen, die eine erfolgreiche Einigung für beide Seiten erleichtern und so eine Gewinner-Gewinner-Verhandlung ermöglichen.

Der Vorteil liegt auf der Hand: Wo es nicht mehr einen Gewinner gibt, der sich durchsetzen konnte, und einen Verlierer, der zurückstecken musste, können beide von der gefundenen Lösung profitieren. Übrigens praktizieren wir diese Verhandlungsmethode im privaten Bereich geradezu intuitiv immer wieder: Sie wollen mit Ihrem Partner die Küche neu streichen, Ihr Partner präferiert einen dezenten Grünton, Ihr persönlicher Favorit ist jedoch ein helles Blau – dann stellen Sie fest, dass Sie beide ein sattes Grün ebenfalls mögen. Also entscheiden Sie sich für die dritte Variante – und Sie haben beide gewonnen.

In solchen Fällen sind in der Regel beide Seiten sehr schnell bereit, die Interessen des anderen mit in die Lösungsfindung einzubinden, statt einzig die eigenen Interessen auf Biegen und Brechen durchsetzen zu wollen. Das hat natürlich einen guten Grund, denn eine Farbe zu wählen, die nur einem gefällt, würde auf Dauer beiden den Spaß verderben. Was im Kleinen meist ohne Weiteres gelingt, lässt sich in ganz ähnlicher Weise auf Verhandlungen übertragen.

Wenn es nur Gewinner gibt

Das Vorhaben, aus einer Verhandlung als der große Sieger hervorzugehen, hat übrigens noch einen weiteren Nachteil, der vielfach übersehen wird: Wer auf einen Sieg pokert, steigert damit für sich selbst das Risiko einer Niederlage. Denn kein Verhandlungspartner lässt sich gern und bereitwillig übervorteilen und er wird folglich den größten Widerstand leisten, wenn er den Verdacht hat, dass sein Gegenüber dieses Ziel verfolgt. Deshalb bringt es in Verhandlungen wenig, alles auf eine Karte zu setzen. Schon der Versuch schürt Misstrauen, wodurch es anschließend sehr schwierig wird, eine Lösung zum beiderseitigen Vorteil zu finden.

Es gibt also gleich mehrere gute Gründe dafür, von vornherein mit dem festen Vorsatz in die Verhandlung zu gehen, dass sowohl Sie selbst als auch Ihr Partner gewinnen werden. Sie erhalten etwas und geben dafür zugleich etwas anderes. So wird ein Ausgleich geschaffen, der für beide Seiten Vorteile bringt. In Verhandlungen bleibt es also ein bedeutender Faktor, dass die Interessen aller Beteiligten gleichermaßen berücksichtigt werden. Damit wird es letztlich sogar unerheblich, wer bei einzelnen Punkten nun recht hat. Wenn Sie um jeden Preis recht behalten wollen, resultieren daraus nur ein leidiges Hin und Her und ein Versteifen auf Positionen. Was wirklich zählt, das ist jedoch eine für beide Seiten zufriedenstellende Lösung aller Kontroversen.

Für die Praxis heißt das: Nehmen Sie alle Standpunkte Ihrer Verhandlungspartner ernst, ganz unabhängig davon, welcher Ansicht Sie selbst sind. So wird Ihr Partner erkennen, dass Sie seine Perspektive respektieren. Dadurch werden störende Blockaden abgebaut und gleichzeitig kreative Prozesse in Gang gesetzt. Selbst wenn Sie völlig anderer Meinung sind als Ihr Partner, können Sie ihm dennoch signalisieren, dass sein Standpunkt bei Ihnen angekommen ist und von Ihnen verstanden wurde. Ein wesentliches Element einer Gewinner-Gewinner-Verhandlung ist die gegenseitige Wertschätzung. Das bedeutet, dass auch voneinander abweichende Meinungen akzeptiert werden können. Sie brauchen eine Meinung nicht zu übernehmen, wenn Ihre Überzeugung eine andere ist, doch Sie können diese Meinung auf jeden Fall respektieren. Zudem ist es gar nicht möglich, Meinungen einfach zu ignorieren oder abzustellen. Denn sie beruhen auf dahinterliegenden Interessen. Und diese Interessen sind nun einmal da, ganz unabhängig davon, welchen Standpunkt Sie selbst vertreten. Nur wenn Sie die Motive und die Interessenlage eines Verhandlungspartners erkennen, wird es Ihnen gelingen, gemeinsam einen Interessenausgleich zu finden. Es bringt also nichts, sich gegen die Interessen eines Gesprächspartners zu verschließen.

Das alles bedeutet nun keineswegs, dass Sie Ihre eigenen Interessen hintanstellen oder leichtfertig nachgeben sollen. Ihre Aufgabe bleibt es, Ihre Verhandlungsziele zu erreichen und Ihre Interessen zu wahren, nur eben nicht auf Kosten und zum Nachteil Ihres Verhandlungspartners.

TIPP **Tipps für Verhandlungen nach Diplomatenart**

- Behandeln Sie Menschen und Sachfragen immer getrennt voneinander. Wo Sachfragen auf der Beziehungsebene behandelt werden, entstehen schnell kommunikative Missverständnisse und es kommen störende Emotionen ins Spiel, die vom ursprünglichen Verhandlungsziel ablenken. Trennen Sie in Verhandlungen deshalb das eine vom anderen. Das Lösen der Probleme auf sachlicher Ebene stärkt dabei in der Regel die Beziehungsebene – und umgekehrt.
- Konzentrieren Sie sich auf gemeinsame Interessen und nicht auf starre Positionen. Selbst bei völlig gegensätzlichen Positionen lassen sich meist gemeinsame Interessen finden.
- Sorgen Sie für möglichst große Verhandlungsspielräume. Erst die Verhandlungsspielräume machen eine echte Verhandlung möglich. Beide Parteien benötigen Spielraum und eine möglichst große Auswahl an Optionen, damit eine Lösung gefunden werden kann, die für beide Seiten einen Gewinn darstellt. Verzichten Sie bei der Suche nach Optionen zunächst auf eine Beurteilung derselben. Versuchen Sie, die Anzahl der möglichen Entscheidungen zu erhöhen, anstatt nur nach „der einen" Lösung zu suchen. Beachten Sie insbesondere Optionen, die für beide Seiten einen Vorteil bringen, und versuchen Sie, Möglichkeiten zu finden, die dem Gegenüber eine Entscheidung erleichtern.
- Bewerten Sie Vorschläge Ihres Verhandlungspartners objektiv. Allein das sachbezogene und lösungsorientierte Verhandeln bringt vernünftige Übereinkünfte zustande. Eine Haltung, die auf Prinzipien oder Vorurteilen basiert, führt nur zu einem Beharren auf Positionen. Betrachten Sie Meinungsverschie-

denheiten nicht als Streitfall, sondern vielmehr als eine gemeinsame Sache, für die es eine Lösung zu finden gilt. Halten Sie sich bei der Beurteilung allein an objektive Kriterien. Alles andere erschwert eine sachbezogene Verhandlung. Etwas aus Prinzip abzulehnen, kann kein konstruktiver Ansatz sein und wird niemals zur Lösungsfindung beitragen.

Wenn Verhandlungen unter solchen Vorzeichen stattfinden, wird es Ihnen leichter fallen, eine für beide Seiten vorteilhafte Übereinkunft zu erzielen. Und das ist zugleich eine außerordentlich gute Investition in die Zukunft. Ein Verhandlungspartner, der eine bittere Niederlage verbuchen musste, kann mit dem Ergebnis nicht zufrieden sein. Wer sich selbst und seine Interessen ernst genommen sieht, ist dagegen offen für eine Vertiefung der Beziehung und wird gern wieder mit Ihnen verhandeln – denn er kann ja nur gewinnen.

ZUSAMMENFASSUNG

- Das wesentliche Ziel der Diplomatie besteht darin, gute, stabile und belastbare Beziehungen herzustellen, sie zu erhalten und sie möglichst weiter auszubauen.
- In Gesprächen und Verhandlungen ist es effektiver und weitsichtiger, eine für alle Seiten akzeptable Lösung zu finden, als etwas auf Biegen und Brechen durchzuboxen. Das beste Ergebnis ist eines, das den eigenen Zielsetzungen gerecht wird und gleichzeitig die Interessen der Gesprächspartner berücksichtigt.
- Niemand ist allein auf der Welt und völlig unabhängig von anderen Menschen. Wer beruflich oder gesellschaftlich vorankommen will, braucht gute Beziehungen und in vielen Fällen Fürsprecher und Unterstützer.

- Beziehungen bewusst zu gestalten, zählt auch beruflich zu den wesentlichen Erfolgsfaktoren und ist längst zu einer Schlüsselkompetenz geworden.
- Die diplomatische Gesprächsführung ist immer eine faire Gesprächsführung, die auch die emotionalen Aspekte eines Gesprächs berücksichtigt.
- Wer die Gefühle des Gegenübers kennt, wird den anderen besser verstehen. Und wer die eigenen Gefühle mitteilt, wird besser verstanden werden.
- Vielfach sind wir unterschiedlicher Meinung und vertreten abweichende Positionen, obwohl wir bei genauerem Hinsehen das gleiche oder zumindest doch ein ähnliches Ziel haben.
- Diplomatisch verhandeln bedeutet, die eigenen Ziele zu erreichen, ohne dabei die Beziehung zum Verhandlungspartner zu gefährden. Das gelingt, wenn sich die Verhandlungspartner auf die gemeinsamen Interessen konzentrieren und nicht nur die unterschiedlichen Positionen im Auge haben.

Emotionen erkennen und verstehen

Es ist fast nicht möglich, die Bedeutung der Emotionen für die Kommunikation und für unser Leben insgesamt zu überschätzen. Gefühle und Emotionen haben Einfluss auf alles, was unser Leben ausmacht: darauf, wie wir handeln und uns verhalten, wie wir uns selbst und andere sehen, wie wir das Miteinander mit anderen Menschen gestalten und mit ihnen kommunizieren, wie wir sprechen und uns bewegen, wie wir von anderen wahrgenommen werden, wie wir Ereignisse und Sachverhalte bewerten, welche Entscheidungen wir treffen, welche Ziele wir uns setzen und ob es uns gut geht oder nicht. – Und sie beeinflussen uns unser Leben lang.

Angesicht dessen ist es keine Frage, dass ein souveräner Umgang mit Gefühlen unerlässlich ist, um ein selbstbestimmtes Leben führen und eigenverantwortlich, selbstsicher und gelassen agieren zu können. Denn Menschen, denen diese Souveränität fehlt, sind dem Einfluss ihrer Emotionen ausgeliefert; sie können sie nicht erkennen, nicht verstehen und nicht steuern. Das kann erhebliche negative Auswirkungen haben, insbesondere mit Blick auf das Miteinander mit anderen Menschen und auf die persönliche Wirkung, gleichermaßen jedoch für das Verhältnis zu sich selbst und für die eigene Lebensführung.

Der Umgang mit Emotionen leitet unser ganzes Leben

Im schlechtesten Falle ist es so, dass Emotionen einen Menschen regelrecht beherrschen. Die eigene Gefühlswelt gerät dann völlig außer Kontrolle und in schwierigen Situationen oder Gesprächen bestimmen die übermächtigen Gefühle das Handeln und Verhalten. Sachlichkeit und Vernunft haben keine Chance mehr, zum Zuge zu kommen. Und alles, was Sie zum Beispiel über souveränes Kommunizieren, Einfühlungsvermögen oder Diplomatie wissen, wird von Ihren Gefühlen überlagert und in den Hintergrund gedrängt. Die Auswirkungen, die das auf ohnehin schwierige Situationen oder Gespräche hat, sind absehbar: Heikle Gespräche drohen zu eskalieren, angespannte Situationen verschärfen sich weiter, der Blick für die Perspektive des Gegenübers wird vernebelt, der Gesprächspartner erkennt kein Verständnis und Interesse von Ihrer Seite und schaltet ebenfalls auf stur, Ihre persönliche Wirkung und Überzeugungskraft leiden massiv.

Um Entwicklungen wie diese zu verhindern, kommt es nun darauf an, einen klugen Umgang mit Emotionen zu finden, das heißt, sie weder einfach auszublenden noch sich ihnen passiv zu ergeben. Entscheidend ist, Gefühle bewusst wahrzunehmen, sie zu verstehen und bei Bedarf gezielt beeinflussen zu können.

Der souveräne Umgang mit Gefühlen bedeutet nicht, sie zu ignorieren oder zu unterdrücken. Das ist auch gar nicht möglich. Gefühle bahnen sich früher oder später ihren Weg.

Noch immer gibt es viele Bereiche, in denen versucht wird, Gefühle gar nicht erst ins Spiel kommen zu lassen. Vor allem in beruflichen und geschäftlichen Zusammenhängen werden sie häufig als Schwäche oder Störfaktor betrachtet oder gar als Ausdruck von mangelnder Professionalität. Dass sie jedoch zu einer authentischen Persönlichkeit einfach dazugehören, wird dabei ignoriert. Ebenso ignoriert wird, dass das Aussperren von Gefühlen keineswegs zur Verbesserung einer Situation oder zur

Lösung von Schwierigkeiten führt. Im Gegenteil: Gerade das Berücksichtigen der emotionalen Seiten und das offene Sprechen über aktuell wirkende Gefühle helfen bei der Aufklärung und Lösung von Spannungen, Schwierigkeiten, Konflikten oder unterschwelligen Erwartungen in Gesprächen oder Auseinandersetzungen. Wenn die Beteiligten um die Gefühle wissen, die im Spiel sind, verstehen sie einander besser und die Wahrscheinlichkeit für ein konstruktives Miteinander steigt.

Das heißt allerdings: Nur wenn Gefühle tatsächlich zum Ausdruck kommen, also offen gezeigt oder benannt werden, können sie in Gespräche und Beziehungen einbezogen werden. Vermutlich haben Sie selbst schon mehr als einmal die Erfahrung gemacht, zu welch fatalen Missverständnissen und Konflikten es führen kann, wenn Gefühle vorsätzlich überspielt und unter Verschluss gehalten werden. – Der souveräne Umgang mit Gefühlen umfasst deshalb die Fähigkeit und Bereitschaft, Gefühle in Worte zu fassen.

Gefühle in Worte fassen

Beachten Sie, dass es hierbei immer um beide Seiten geht: um Ihre eigenen Gefühle ebenso wie um die Ihres Gegenübers. So wie es darauf ankommt, mit den eigenen Emotionen souverän umzugehen, geht es ebenso darum, die Gefühle des Gegenübers zu erkennen, zu verstehen und angemessen darauf zu reagieren. So können Gespräche konstruktiver geführt und Eskalationen vermieden werden.

Gefühle bewusst wahrnehmen

Wenn Sie in Beziehungen und Gesprächen auf die Gefühle der Beteiligten (inklusive Ihrer selbst) eingehen wollen, ist die Voraussetzung dafür, dass Sie diese Gefühle zunächst überhaupt wahrnehmen. Diese Aufgabe ist alles andere als trivial. Denn selbst unsere eigenen Gefühle machen sich meist nicht durch klare, eindeutige und unmissverständliche Signale bemerkbar, sondern erscheinen diffus und mehrdeutig, überlagern einander und ergeben ein unbestimmbares Gemisch oder sie sind so überwältigend, dass wir keinen klaren Gedanken mehr fassen können. Manche Gefühle verdrängen wir kurzerhand ins Unterbewusstsein oder belassen sie lieber dort, sodass wir sie überhaupt nicht bemerken, sondern letztlich nur ihre Auswirkungen spüren. Einige Gefühlsregungen sind noch Bestandteil von urzeitlichen „Reaktionsprogrammen", die fest in unseren Instinkten verankert sind. Sie sorgen zum Beispiel dafür, dass wir bestimmte Situationen unbewusst als bedrohlich empfinden, obwohl sie in der modernen Welt keineswegs mehr (lebens-)bedrohlich sind. Trotzdem fällt es uns immens schwer, uns diesen „Programmen" und Reaktionsmustern zu entziehen beziehungsweise sie überhaupt erst einmal als solche zu erkennen. So halten wir zum Beispiel ganz instinktiv an Bewährtem und Bestehendem fest, weil es uns Sicherheit gibt und uns vermeintlich vor unbekannten Bedrohungen schützt. Neuerungen und Veränderungen hingegen bedeuten Unsicherheit und damit – zumindest urzeitlich gedacht – potenziell Lebensgefahr. Instinktiv vermeiden wir sie lieber. Es wird uns also nicht gerade leicht gemacht, Gefühle bewusst wahrzunehmen. Umso mehr gilt:

Wenn wir Gespräche und Beziehungen souverän führen wollen, ist es unerlässlich, dass wir mit Gefühlen souverän umgehen können und sie bewusst wahrnehmen.

Um Gefühle besser begreifen zu können, beginnen Sie die Reflexion und die Auseinandersetzung damit am besten bei sich selbst. Das ist am sinnvollsten, weil Sie auf Ihr eigenes Gefühlsleben einen unmittelbaren Zugriff haben und Ihre eigenen Emotionen direkt erleben können. Die Gefühle von anderen Menschen hingegen können Sie selbst nicht spüren, sondern nur indirekt über äußere Anzeichen oder über verbale Äußerungen erfahren.

Die eigene Gefühlswelt erkunden

Sich selbst und die eigenen Gefühle wahrzunehmen ist ein selbstreflexiver Vorgang. Er setzt den Willen und die persönliche Reife voraus, sich den eigenen Gefühlen wertfrei zu nähern, alle Gefühle zuzulassen und sich selbst auch in emotional aufgeladenen Situationen zu beobachten. Und dies braucht Geduld und Durchhaltevermögen. Sie können sich nicht einfach hinsetzen, kurz abwarten und dann ein Gefühl nach dem anderen abhaken. Es kommt darauf an, in der jeweiligen Situation, in der Gefühle eine Rolle spielen, zu erkunden, was genau in Ihnen vorgeht. Achten Sie dabei auf Folgendes:

- Versuchen Sie, gedanklich einen Schritt zur Seite zu treten, um sich selbst und Ihre Empfindungen zu beobachten.
- Werten Sie dabei nicht, sondern nehmen Sie nur auf, was Sie wahrnehmen.
- Achten Sie darauf, bestimmte Gefühle nicht herbeizureden, weil sie in der aktuellen Situation vielleicht erwünscht sind oder von anderen erwartet werden.
- Schließen Sie keine Gefühle von vornherein aus, weil Sie sie sich nicht eingestehen wollen oder weil sie unangemessen, ungerecht, peinlich oder auf andere Weise unvorteilhaft sein könnten.
- Machen Sie sich selbst nichts vor.

Um die eigenen Gefühle besser wahrnehmen zu können, ist es oft sehr hilfreich, gezielt auf die körperlichen Aspekte zu achten, die mit den Gefühlen einhergehen. Körperliche Reaktionen wie Herzklopfen, Muskelanspannungen, schnelles oder besonders ruhiges Atmen, entspannte Gesichtszüge, körperliche Unruhe, unwillkürliche Gesten und Ähnliches können Hinweise geben auf die Art oder zumindest auf das Vorhandensein eines Gefühls. Je öfter Sie sich beobachten und je besser Sie die Zusammenhänge zwischen diesen körperlichen Reaktionen und Ihren Gefühlen kennen, umso leichter wird es Ihnen mit der Zeit fallen, Ihre Gefühle bewusst wahrzunehmen und zu begreifen.

Sich eigener Gefühle bewusst werden

Gelingt es Ihnen in einer konkreten Situation nicht, etwas Abstand zu gewinnen und Ihre Gefühle zu reflektieren, nutzen Sie die Möglichkeit der retrospektiven Auseinandersetzung. Auch im Nachhinein können Sie versuchen, Ihre Gefühlslage in einer bestimmten Situation zu erkunden. Führen Sie sich dazu die Situation noch einmal im Detail vor Augen. Nicht selten stellen sich in der Rückschau – zumindest teilweise oder in abgeschwächter Form – die gleichen Gefühle und teils sogar die gleichen körperlichen Reaktionen wieder ein und können nachträglich ergründet werden.

Gefühle in Worte fassen

Um sich mit den eigenen Gefühlen befassen und Gefühle gegenüber anderen Menschen verbalisieren zu können, ist es erforderlich, die wahrgenommenen Gefühle konkret zu benennen. Wir alle wissen jedoch, wie schwierig es sein kann, Gefühle in Worte zu fassen. Gefühle sind komplex und wandelbar, sodass wir manchmal glauben, dass ein einfacher Begriff gar nicht ausreicht, um sie zu benennen. – Das ist insofern zutreffend, da sich Gefühle durchaus vermischen und es schwierig sein kann, sie auseinanderzuhalten. Umso bedeutender ist es, das bewusste Wahrnehmen von Gefühlen zu trainieren, um sie einzeln identifizieren zu können.

Außerdem brauchen wir schlicht und einfach ein entsprechendes Vokabular, das uns zur Verfügung steht. Für den Anfang ist es hier durchaus ratsam, sich einmal mit den sogenannten Basisemotionen zu befassen. Die Liste dieser Basisemotionen unterscheidet sich im Detail zwar je nach konkreter Definition, doch einige Emotionen werden in diesem Zusammenhang immer wieder genannt. Dazu gehören zum Beispiel:

Freude	Glück	
Vergnügen	Interesse/Neugier	
Wut	Ekel	
Ärger/Zorn	Furcht	
Verachtung	Traurigkeit	
Überraschung	Scham	
Schuld	Stolz auf Erreichtes	
Befriedigung/Genugtuung		

Diese Basisemotionen können Ihnen als Anfangsvokabular dienen für die Beschreibung Ihrer Gefühlswelt. Weil diese Gefühle einen grundlegenden Charakter haben, lassen sie sich vergleichsweise gut erkennen und identifizieren. Üben Sie mit ihnen das Benennen Ihrer Gefühle. Einen großen Teil Ihrer Gefühlswelt werden Sie damit bereits erfassen können.

TIPP

Führen Sie sich eine vergangene Situation vor Augen, die sich Ihnen eingeprägt hat. Rekapitulieren Sie, wie Sie sich in dieser Situation gefühlt haben. Gehen Sie den einzelnen Gefühlen nach und versuchen Sie, diese zu benennen. Welche der oben genannten Basisemotionen können Sie identifizieren?

Das Identifizieren und Benennen von Basisemotionen hilft Ihnen mit der Zeit dabei, auch differenziertere Gefühle zu verbalisieren. Sie schärfen Ihre Wahrnehmung und Ihr Bewusstsein und üben sich in der Anwendung des passenden Vokabulars. Nach und nach werden Sie Ihr Vokabular erweitern und Ihre Gefühle immer genauer benennen können.

Allerdings gibt es ein Phänomen, das uns dabei manchmal im Wege steht: Wir neigen nämlich dazu, die eigenen Gefühle mit Formulierungen zu beschreiben, in denen die Verantwortung für diese Gefühle anderen Menschen zugeschoben wird. Typische Beispiele dafür sind Sätze wie „Ich fühle mich von dir übergangen" oder „Ich fühle mich von meinen Kollegen voll und ganz akzeptiert". Formulierungen wie diese benennen gar kein Gefühl wie „Traurigkeit", „Ärger", „Freude", „Genugtuung" usw. Sie sagen stattdessen etwas über andere Personen aus: „Du hast mich übergangen" oder „Ihr akzeptiert mich". Insofern beschreiben und bewerten sie eher eine Situation, statt ein Gefühl zu benennen. Vor allem suggerieren sie, dass die anderen bestimmen, wie ich mich fühle. – Und das ist ziemlich genau das Gegenteil von dem, was die Bewusstmachung der eigenen Gefühle erreichen soll. Schließlich geht es darum, Zugriff auf die eigenen Emotionen zu bekommen, anstatt sich ihnen ohnmächtig auszuliefern.

Ziel ist es also, die tatsächlichen Gefühle hinter solchen Formulierungen aufzuspüren. Wenn ich mich übergangen fühle, sind wahrscheinlich Gefühle wie Ärger, Traurigkeit oder Enttäuschung im Spiel. Fühle ich mich von anderen akzeptiert, empfinde ich wahrscheinlich Freude, Zufriedenheit oder Stolz. – Sie sehen, dass Sie beim Ergründen der eigenen Gefühlswelt nicht oberflächlich bleiben können, sondern tatsächlich in die Tiefen Ihres Ichs vordringen müssen. Das erfordert Übung, Offenheit gegenüber sich selbst und die Bereitschaft zur Selbstreflexion. Mit der Zeit wird es jedoch einfacher, weil Sie sich immer besser kennenlernen und mehr Sicherheit erlangen beim Erkennen und Benennen von Gefühlen. Sie werden einfach souveräner.

Die Gefühle anderer Menschen erkennen

Kleine Kinder erkennen Gefühle intuitiv

Die Fähigkeit, die Gefühle anderer Menschen wahrnehmen und intuitiv erkennen zu können, ist uns im wahrsten Sinne des Wortes in die Wiege gelegt. Zum Beispiel können schon einige Wochen alte Säuglinge am Klang der Stimme einer vertrauten Person erkennen, ob diese Person in guter oder schlechter Stimmung ist. Und im zweiten Lebensjahr beginnen Kinder bereits, sich in andere Menschen hineinzuversetzen und anhand deren Gefühlsäußerungen Emotionen zu erkennen und mögliche Ursachen für diese Emotionen damit zu verbinden. – Und trotzdem fällt es uns als Erwachsene im Alltag und im Beruf oft sehr schwer, Gefühle anderer zu erkennen und zu verstehen. Die frühkindliche Intuition geht uns offenbar ein Stück weit verloren. Unsere Aufmerksamkeit verschiebt sich. Und Erwartungen, Konventionen, Vorurteile oder unsere eigenen Gefühle verzerren unsere Wahrnehmung und beeinflussen unsere Interpretation dessen, was wir wahrnehmen.

Wenn Sie mit anderen Menschen souverän kommunizieren und selbst souverän auftreten wollen, brauchen Sie dafür die Fähigkeit, auch mit den Gefühlen Ihres Gegenübers souverän umzugehen. Ihr eigenes Gefühlsleben genau zu kennen und bewusst wahrzunehmen, ist dafür eine Voraussetzung und der erste Schritt. Doch dann kommt es darauf an, sich ganz bewusst dem Gegenüber und seiner Gefühlslage zuzuwenden.

Eine erste Schwierigkeit besteht nun bereits darin, überhaupt zu erkennen, dass Gefühle im Spiel sind. Diese zeigen sich nämlich nicht immer sofort und klar erkennbar. Wenn nicht gerade vor Wut ein Stuhl umgestoßen wird, vor Trauer Tränen fließen oder ein Gefühl ausdrücklich verbalisiert wird, kommen Gefühle häufig leise und unauffällig daher. Nicht selten ist das sogar Absicht: Wer zum Beispiel in einer geschäftlichen Verhandlung mit einem unerwartet guten Angebot überrascht wird, wird sich hüten, seine Überraschung und seine Freude offen zu zeigen. Um Gefühle zu erkennen, muss man deshalb häufig sehr genau hinschauen und sehr aufmerksam sein. Beachten Sie unbedingt die nonverbalen Signale Ihres Gegenübers:

- Die Körperhaltung und die Mimik eines Menschen können sehr aufschlussreich sein. Achten Sie darauf und vor allem auf deren Veränderungen im Verlauf eines Gesprächs. Macht sich ein Gesprächspartner auffällig gerade, nachdem Sie etwas Bestimmtes gesagt haben? Oder zieht er sich räumlich von Ihnen zurück? Hellt sich sein Gesichtsausdruck auf? Nimmt seine Körperspannung ab? Sucht er den Blickkontakt oder meidet er ihn?

Nonverbale Signale beachten

■ Achten Sie auf Atmung, Stimme und Tonfall Ihres Gegenübers. Ist die Atmung ruhig und tief oder flach und schnell? Zittert die Stimme oder klingt sie voll und ruhig? Schlägt Ihr Gegenüber einen gereizten Tonfall an oder wird der Ton mit der Zeit schärfer?

Selbstverständlich können wir die Gefühle eines Gesprächspartners nie mit absoluter Sicherheit bestimmen. Wir können nur interpretieren, was wir sehen und hören. Doch je aufmerksamer wir sind und je besser wir uns selbst kennen, desto leichter wird es uns fallen, andere Menschen zu verstehen. Denn in vielen Fällen können wir davon ausgehen, dass sich Gefühle beim Gegenüber ähnlich äußern wie bei uns selbst.

Es geht hier also um Einfühlungsvermögen, Aufmerksamkeit und Selbstreflexion. Sie sind entscheidend, um nicht nur die eigenen Gefühle besser zu verstehen, sondern auch die Gefühle anderer Menschen erkennen zu können und schließlich einen souveränen Umgang sowohl mit der eigenen Gefühlswelt als auch mit der des Gegenübers zu finden.

TIPP   Um Ihre Wahrnehmung zu schulen, können Sie Gespräche beobachten, an denen Sie selbst nicht aktiv beteiligt sind. So können Sie Ihre gesamte Aufmerksamkeit auf die Beteiligten richten, ohne sich gleichzeitig auf den Gesprächsverlauf konzentrieren zu müssen. Achten Sie auf die Signale, die die Gesprächspartner aussenden, und auf etwaige körperliche Reaktionen, die Sie beobachten können. – Kennen Sie diese Signale und Reaktionen an sich selbst? Mit welchen Gefühlen gehen sie üblicherweise einher? Lassen sich diese Gefühle auf die aktuelle Gesprächssituation übertragen? Passt das Verhalten der Gesprächspartner zu diesen Gefühlen? Was glauben Sie – liegen Sie mit Ihrer Einschätzung richtig?

Die eigenen Emotionen im Griff behalten

Gefühle bewusst zu empfinden und sie auszuleben, ist etwas Wunderbares und Wichtiges. Es gehört zu einem erfüllten Leben dazu. Wir sollten also keineswegs versuchen, Gefühle abzuschalten und aus unserem Alltag zu verbannen. – Trotzdem heißt das nicht, ihnen immer und überall freien Lauf zu lassen. Denn Gefühle können zu einer Belastung werden. Und zwar dann, wenn sie uns beherrschen und wir unsere Emotionen nicht regulieren können. Dann werden wir unberechenbar und können unser eigenes Verhalten nicht mehr souverän steuern. Und das ist weder im Privat- noch im Berufsleben von Vorteil.

Wenn Gefühle außer Kontrolle geraten

Starke Gefühlsregungen können Sie leicht in die Bredouille bringen und dabei spielt es manchmal keine Rolle, ob es sich um angenehme oder unangenehme Gefühle handelt. Gerade in schwierigen Gesprächen ist es zum Beispiel wichtig, aufmerksam und konzentriert zu sein. Vor allem wenn Ihr Gegenüber Sie provoziert und unfair agiert, brauchen Sie einen wachen Verstand, der nicht von Frustration oder Aggression oder von unwillkürlichen Impulsen überwältigt wird. Ansonsten kann ein Gespräch schnell aus dem Ruder laufen.

Genauso kann überschwängliche Euphorie, wenn sie unkontrolliert aufbraust, ungünstigen Einfluss auf ein Gespräch haben. Eine große Begeisterung kann Ihren Blick verstellen auf die Realitäten und Ihre Wahrnehmung in der Sache verzerren. Unversehens hat man dann zum Beispiel Zugeständnisse gemacht oder ist Verpflichtungen eingegangen, die bei nüchterner Betrachtung absolut unrealistisch sind. Nehmen Sie zum Beispiel ein tolles Jobangebot mit einer super Bezahlung, das Ihnen völlig überraschend gemacht wird: Sie sind absolut begeistert, fühlen sich geschmeichelt und wertgeschätzt. Ihnen stockt kurz der Atem und Ihr Herz schlägt schneller. In Ihrem

Auch Euphorie ist gefährlich

Kopf regnet es goldenes Konfetti und Sie malen sich in Sekundenschnelle eine märchenhafte Zukunft aus. Und Sie möchten in diesem Moment nichts lieber, als sofort den Vertrag zu unterschreiben.

An die konkreten Folgen denken Sie in diesem Augenblick nicht: Wann genau soll es losgehen? Wie viele Stunden sollen Sie arbeiten? Was heißt das für Ihre Familie? Wie lange gilt der Vertrag? Können Sie den Vertrag überhaupt erfüllen? Was werden Ihre konkreten Aufgaben sein und ist das überhaupt das, was Sie tun wollen? Welche langfristige Perspektive bietet Ihnen der Job? Passt er überhaupt zu Ihren persönlichen Zielen? – Tausende große und kleine Fragen stellen sich jetzt. Doch überwältigt von der großen Euphorie denken Sie nicht daran und treffen womöglich eine falsche Entscheidung, die allein von Ihren Gefühlen bestimmt wurde und weitreichende Konsequenzen haben kann.

Behalten Sie deshalb die Kontrolle über die eigenen Gefühle. Mit dem bewussten Wahrnehmen und konkreten Benennen Ihrer Gefühle haben Sie dafür die notwendige Voraussetzung geschaffen und Sie sind bereits einen ersten Schritt in die richtige Richtung gegangen. Denn:

Das Erkennen und Verstehen eines Gefühls hat oft bereits zur Folge, dass ein Gefühl sich abmildert und nicht mehr so überwältigend ist. Das ermöglicht es, sich mit dem Gefühl und den eigenen Reaktionen auseinanderzusetzen und die Kontrolle darüber zu gewinnen.

Unser Verstand kann uns also dabei helfen, unsere Gefühle etwas unter Kontrolle zu bringen. Wenn die Vernunft dann wieder am Zuge ist, fällt es uns leichter, sachliche Überlegungen anzustellen und das Ganze etwas nüchterner zu betrachten.

Einfluss nehmen auf die eigenen Gefühle

Interessanterweise haben wir noch einen weiteren Verbündeten, der uns helfen kann, unsere Gefühle zu beeinflussen: unseren Körper. Dass Gefühle körperliche Reaktionen auslösen können, wissen Sie aus eigener Erfahrung. Doch Sie können auch einmal ausprobieren, mithilfe Ihres Körpers auf hre Gefühlswelt einzuwirken. Es funktioniert! Denn der Zusammenhang ist teils wechselseitig. Wenn Sie die körperliche Reaktion auf ein bestimmtes Gefühl imitieren, können Sie in manchen Fällen ganz ähnliche Reaktionen im Gehirn hervorrufen wie im Falle des tatsächlichen Gefühls. Wenn wir zum Beispiel zufrieden und glücklich sind, signalisiert unser Gehirn den Muskeln im Mund, dass sie lächeln sollen. Das geht auch andersherum: Wenn der Mund Signale an das Gehirn sendet, dass wir lächeln, glaubt das Gehirn, dass wir zufrieden und glücklich sind – und dann sind wir es.

Oder ein anderes Beispiel: Sie sind aufgeregt und nervös und reagieren mit starker körperlicher Unruhe. Sie laufen hin und her, Ihr Atem ist flach, Sie können nicht stillsitzen, Ihre Bewegungen sind fahrig und Ihre Hände ständig in Bewegung. – Jetzt kommt ein lieber Freund zu Ihnen, drückt Sie sanft auf einen Stuhl und hält sie eine Weile lang fest. Wenn Sie mit den Füßen wippen, legt er eine Hand auf Ihr Knie, um Sie zur Ruhe zu mahnen. Wenn Sie aufstehen wollen, hält er Sie auf dem Stuhl. Er sitzt vor Ihnen und atmet tief ein und aus und animiert Sie, sich seinem Atemrhythmus anzuschließen. – Mit der Zeit kommt Ihr Körper zur Ruhe und Ihre Aufregung legt sich. Indem Sie die körperlichen Reaktionen in den Griff bekommen haben, haben sich auch Ihre Emotionen beruhigt. Und das können Sie im Zweifelsfalle auch ohne die Hilfe eines Freundes. Wenn Sie sich selbst gut kennen und Situationen wie diese reflektieren, wird es Ihnen bei Bedarf eigenständig gelingen, über Ihren Körper Einfluss zu nehmen auf Ihre Gefühle.

Über den Körper die Gefühle steuern

Bleiben wir bei diesem Beispiel, um weitere Strategien zu beleuchten: Anstatt bei den körperlichen Auswirkungen Ihrer Nervosität und Aufregung anzusetzen, können Sie versuchen herausfinden, was genau Sie nervös und aufgeregt macht. Sie können also die Ursachen und Auslöser für Ihre Gefühle erforschen. Das hat gleich mehrere Vorteile:

- Nicht selten hilft das Ergründen der Ursachen und Auslöser für Gefühle bereits dabei, die Dinge zu relativieren.
- Sie helfen sich selbst dabei, die Sachverhalte mit mehr Vernunft zu betrachten und nicht Ihren Gefühlen die Vormachtstellung zu überlassen.
- Manche Ursachen und Auslöser werden dadurch bereits in ein anderes Licht gerückt und verlieren einen Teil ihrer Wirkung.
- Ein Perspektivwechsel ist immer lohnend, weil die Interpretation und die Bewertung einer Sache je nach Blickwinkel sehr unterschiedlich ausfallen können und sich damit unter Umständen ganz unterschiedliche Gefühle einstellen.

Zum Sohn einer Freundin, der vor seinen Abiturprüfungen unheimlich nervös war, habe ich einmal im Scherz gesagt: „Du, die wollen gar nicht, dass du durchfällst. Die wollen dich nämlich bestimmt nicht noch ein Jahr dort haben." Wir konnten beide darüber lachen und ich dachte nicht weiter an meine Bemerkung. Doch einige Wochen später sagte mir der junge Mann, dass ihm die Bemerkung, obwohl sie im Scherz gemeint war, ein bisschen die Augen geöffnet hatte. Zum ersten Mal hat er sich in die Prüfenden hineinversetzt und verstanden, dass sie ihm tatsächlich nichts Schlechtes wollen und dass sie natürlich wissen, was so eine Prüfung für einen jungen Menschen bedeutet. Er hatte seine Lehrerinnen und Lehrer bisher überwiegend als zugewandt und unterstützend erlebt. Warum sollte sich das ausgerechnet in den Prüfungen ändern? – Diese Einsicht milderte seine Nervosität und gab ihm eine gute Portion Zuversicht.

Unsere Sicht auf die Dinge ist ein guter Ansatzpunkt, um die Kontrolle über unsere Gefühle zu erlangen.

Es ist daher wichtig, sich die eigenen Ansichten über die Situation bewusst zu machen, etwaige Einflussfaktoren zu erkennen und zu hinterfragen und die Tatsachen gegebenenfalls neu zu bewerten. Fragen Sie sich dafür zum Beispiel:

Die Gefühlslage hinterfragen

- Welches konkrete Gefühl habe ich?
- Aufgrund welcher Interpretation oder Bewertung empfinde ich dieses Gefühl?
- Wie komme ich zu dieser Einschätzung?
- Gibt es faktische Belege für meine Sicht der Dinge?
- Was sind die tatsächlichen Fakten?
- Gibt es andere Interpretationsmöglichkeiten?
- Welche Interpretation ist plausibel?
- Was fühle ich angesichts dieser neuen Einsichten?

Eine andere Möglichkeit ist, an den Ursachen und Auslösern direkt etwas zu ändern und so die resultierenden Gefühle gar nicht erst überhand nehmen zu lassen. Wenn Sie vor einem Gespräch nervös sind, weil Sie sich in der Materie nicht so gut auskennen und deshalb unsicher sind – dann sorgen Sie dafür, dass Sie sich auskennen! Wenn Sie aufgeregt sind, weil ungeklärte Spannungen zwischen Ihnen und Ihrem Gesprächspartner herrschen – dann sprechen Sie über diese Spannungen und klären Sie sie auf! Wenn Sie nervös sind, weil Sie allein in ein Gespräch gehen, Ihre Gesprächspartner jedoch zu zweit sind – dann holen Sie sich jemanden an Ihre Seite!

Sie sehen, dass es verschiedene Möglichkeiten gibt, um auf die eigene Gefühlswelt Einfluss zu nehmen. Gerade in Gesprächen kommt es jedoch nicht nur auf die eigenen Gefühle an, sondern auch auf die der anderen Beteiligten, insbesondere wenn es darum geht, schwierige Gespräche zu meistern und Eskalationen zu verhindern.

Die eigenen Emotionen im Griff behalten **127**

Damit Gespräche nicht eskalieren

An Gesprächen sind bekanntlich zwei oder mehrere Personen beteiligt. Das führt zwangsläufig dazu, dass zwei oder mehrere Gefühlswelten aufeinandertreffen und das Gespräch beeinflussen. Um einen konstruktiven und partnerschaftlichen Gesprächsverlauf zu gewährleisten, kommt es deshalb nicht nur darauf an, mit den eigenen Gefühle souverän umzugehen, sondern auch mit denen des Gegenübers.

Punkt eins des souveränen Umgangs mit Gefühlen anderer Menschen lautet: Gefühle zulassen und aushalten.

Der Satz mag Sie vielleicht etwas überraschen, doch dieser Punkt ist von entscheidender Bedeutung. Viel zu oft passiert es in Gesprächen, dass aufkommende Emotionen des Gegenübers lieber übergangen werden. Viele Menschen sind angesichts offener Gefühlsäußerungen anderer Menschen schnell überfordert und wissen nicht, wie sie angemessen darauf eingehen könnten. Sie befürchten eine starke Emotionalisierung der Situation, wenn diese Gefühle in das Gespräch einfließen. Deshalb ignorieren und überspielen sie sie lieber.

Gefühlen Beachtung schenken und Raum geben

Gefühle lassen sich nicht ignorieren

Das Ignorieren von Gefühlen kann eine Emotionalisierung nicht verhindern. Im Gegenteil: Werden Gefühle ignoriert oder unterdrückt, erhöht sich der emotionale Druck eher noch und es besteht die Gefahr, dass sich die Gefühle dann irgendwann explosionsartig entladen, sprich: dass die Situation erst recht eskaliert und außer Kontrolle gerät. Zudem wird ein solches Verhalten schnell als Desinteresse oder Arroganz aufgefasst, was einer guten Gesprächsführung zusätzlich abträglich ist.

Wesentlich aussichtsreicher ist es, wenn Sie Ihrem Gegenüber die Gelegenheit geben, seinen Gefühlen Ausdruck zu verleihen und kontrolliert „Dampf abzulassen". So bleiben die Gefühle einigermaßen unter Kontrolle und stauen sich nicht zu einem explosiven Gemisch auf. Sie zeigen damit, dass Sie ernst nehmen, was Ihren Gesprächspartner beschäftigt. Hinzu kommt, dass Sie durch die Gefühlsäußerungen Ihres Gesprächspartners tiefere Einblicke in seine Ansichten und Vorstellungen bekommen, wodurch Sie es leichter haben, ihn zu verstehen und sich selbst verständlich zu machen.

Ein klassisches Beispiel für das Nichtaushaltenkönnen von Gefühlsäußerungen kommt aus dem beruflichen Kontext: Entlassungsgespräche sind potenziell hoch emotional – oft sogar für beide Seiten. Doch gerade hier scheuen sich viele Vorgesetzte, auf die Gefühle ihres Mitarbeiters einzugehen. Sie sind einerseits persönlich überfordert und fürchten andererseits, dass sie die Situation dadurch noch schlimmer machen würden. Dabei liegt im offenen Umgang mit Gefühlen eine große Chance. Insbesondere in solch schwierigen Gesprächen. Einerseits lässt sich das Überkochen von Emotionen häufig verhindern, wenn diese offen ausgedrückt werden können. Andererseits lässt sich eine angespannte Situation teilweise schon dadurch entschärfen, dass den Gefühlen Beachtung geschenkt wird und auf diese Weise Wertschätzung, Verständnis und Mitgefühl deutlich werden. Darüber hinaus ergibt sich die Möglichkeit, die geäußerten Gefühle aufzugreifen und in Beziehung zur eigenen Situation und Gefühlslage zu setzen. Für den Vorgesetzten, der jemanden entlassen muss, bedeutet das zum Beispiel, dass er dem Mitarbeiter gegenüber seine eigene Position verständlicher machen kann und seine eigenen Gefühle nicht zu verdrängen braucht. Die meisten Vorgesetzten gehen nämlich keineswegs kalt und herzlos an so ein Gespräch heran. Sie haben Schuldgefühle oder Ängste vor der Reaktion des Mitarbeiters. Manche sind aufgeregt oder bedauern die Notwendigkeit der Entlassung. – In jedem Falle sind solche Gespräche schwierig. Und die Gefühle beider Seiten tragen gleichermaßen dazu bei.

Beispiel: Entlassungsgespräch

Gespräche sollten also möglichst in einer Atmosphäre stattfinden, in der Gefühle tatsächlich geäußert werden können. Zugegebenermaßen sind Gefühlsäußerungen des Gegenübers nicht immer leicht auszuhalten, insbesondere wenn sie sehr heftig ausfallen. Schnell kann es passieren, dass wir dann selbst sehr emotional reagieren und die Situation doch noch Gefahr läuft zu eskalieren. Hier kommt es in höchstem Maße darauf an, dass Sie in der Lage sind, Gefühle wahrzunehmen und zu erkennen und auf Ihre eigenen Gefühle bewusst Einfluss zu nehmen. Und eine gesunde Portion Gelassenheit ist natürlich ebenfalls hilfreich. Insofern gilt auch hier der allgemeine Ratschlag bei emotionsgeladenen Gesprächen: Ruhe bewahren.

Gefühle ansprechen

Sie geben nun sowohl Ihren eigenen als auch den Emotionen Ihres Gesprächspartners Raum und erkennen am anderen zum Beispiel, dass er zunehmend ungeduldig und ungehalten wird. Was können Sie jetzt konkret tun? – Selbstverständlich haben Sie keinen direkten Zugriff auf die Emotionen Ihres Gesprächspartners und können sein Gefühl nicht einfach abschalten. Sie können es jedoch durch Ihr Verhalten beeinflussen und es direkt thematisieren. Hier ist allerdings Fingerspitzengefühl gefragt. Es gilt gut abzuwägen, ob, wann und wie Sie Emotionen im Gespräch verbalisieren.

 Wenn Emotionen ein Gespräch zwar begleiten und beeinflussen, jedoch nicht stören oder vom Weg abbringen, ist es gut, sie zu erkennen; es ist jedoch nicht notwendig, sie ausdrücklich anzusprechen. Stören die Emotionen jedoch den Gesprächsverlauf, weil sie eine sachliche Auseinandersetzung blockieren oder die persönliche Beziehung zwischen den Gesprächspartnern stark belasten, dann ist es zwingend erforderlich, sie zum Gesprächsgegenstand zu machen.

Wenn Sie die Gefühle, die ein Gespräch beeinflussen, thematisieren wollen, beachten Sie Folgendes:

- Nehmen Sie die Gefühle Ihres Gesprächspartners ernst und bewerten Sie sie nicht.
- Machen Sie Ihrem Gegenüber keinen Vorwurf. („Du bringst mich total aus dem Konzept!")
- Spielen Sie die Gefühle Ihres Gesprächspartners nicht herunter. („Jetzt mach doch nicht gleich so ein Drama daraus!")
- Versuchen Sie vor allem, das gegenseitige Verstehen zu fördern.
- Äußern Sie Ihre eigenen Gefühle ohne Vorwurf. Erklären Sie Ihre Gefühlslage und schlagen Sie, wenn möglich, Lösungsmöglichkeiten vor. („Entschuldige, wenn ich kurz unterbreche. Diese neuen Informationen bringen mich gerade etwas aus dem Konzept. Ich bin bisher von vollkommen anderen Fakten ausgegangen. Können wir deine Informationen noch einmal mit meinen abgleichen?")
- Verwenden Sie möglichst Ich-Botschaften, wenn Sie über Ihre Gefühle sprechen („Ich bin enttäuscht" und nicht „Du enttäuschst mich").
- Denken Sie daran, dass Sie hinsichtlich der Gefühle Ihres Gegenübers nur Interpretationen anstellen. Sie können nie sicher wissen, was im anderen vorgeht. Wenn Sie die Gefühle des anderen ansprechen wollen, greifen Sie lieber auf Fragen und vorsichtige Formulierungen zurück. („Stimmt mein Eindruck, dass Sie mit dem Verlauf unseres Gesprächs gerade sehr unzufrieden sind? Wollen wir darüber sprechen?")
- Sprechen Sie widersprüchliche Gefühle an (zum Beispiel ein freundschaftliches Verhältnis zwischen Vorgesetztem und Mitarbeiter versus Ärger über schlechte Arbeitsergebnisse). Solche Widersprüche erscheinen oft unlösbar und belasten die Beziehung bis hin zu schweren Konflikten. Wenn Sie das Dilemma offen ansprechen, erleichtern Sie das gegenseitige Verstehen und fördern eine Lösungsfindung.

Offenbaren von Gefühlen zeigt Souveränität

Wenn Sie Vorwürfe, Schuldzuweisungen und Provokationen vermeiden, kann das Ansprechen von Gefühlen nur positive Effekte auf die Situation haben. Sie brauchen sich davor also nicht zu scheuen. Und das Offenbaren eigener Gefühle macht Sie nur auf den ersten Blick angreifbar. Sie öffnen sich zwar und zeigen eine sehr persönliche Seite von sich, doch das ist keine Schwäche. Vielmehr zeigen Sie, dass Sie zu Ihren Gefühlen stehen und souverän mit ihnen umgehen können. Das ist ein klarer Ausdruck von persönlicher Stärke und Souveränität.

Auf Gefühle Einfluss nehmen

Wenn es darum geht, auf die Gefühle eines Gesprächspartners Einfluss zu nehmen, heißt das nicht, dass Sie ihn manipulieren oder provozieren sollen. Ziel ist es, Eskalationen zu verhindern und positive Gefühle zu verstärken, um den Gesprächsverlauf und die Beziehungsebene zwischen den Beteiligten günstig zu beeinflussen. Negativen Einflüssen auf die Gefühle Ihres Gegenübers können Sie unter anderem vorbeugen, indem Sie Ihre eigenen negativen Emotionen unter Kontrolle haben. Fehlt diese Kontrolle, überträgt sich Ihre „schlechte Stimmung" schnell auf Ihr Gegenüber.

Gefühle übertragen sich – positiv wie negativ

Genauso übertragen sich jedoch auch Ihre positiven Gefühle. Das heißt, wenn Sie selbst mit einer positiven Einstellung in ein Gespräch gehen, erhöhen Sie die Wahrscheinlichkeit, dass Sie die positiven Gefühle Ihres Gesprächspartners verstärken. Gehen Sie also mit Freude und Zuversicht in ein schwieriges Gespräch, nicht skeptisch und frustriert. Begrüßen Sie Ihren Gesprächspartner mit einem freundlichen und offenen Lächeln, bieten Sie ihm eine Tasse Kaffee an. – Und versuchen Sie umgekehrt, sich von der „schlechten Laune" eines Gegenübers nicht anstecken zu lassen, sondern eine offene und positive Gesprächsatmosphäre aufrechtzuerhalten. Wenn Ihr Gesprächspartner zum Beispiel mit finsterer Miene und einer betont knappen Begrüßung in das Gespräch geht, bleiben Sie bei Ihrem

Lächeln und einer freundlichen Verbindlichkeit. Im besten Falle können Sie ihn aus der Reserve locken und die Stimmung so vielleicht doch noch drehen.

Positive Gefühle Ihres Gegenübers können Sie zudem verstärken, indem Sie ihnen besondere Aufmerksamkeit schenken. Wenn Ihr Gesprächspartner zum Beispiel voller Vorfreude und Zuversicht auf ein bestimmtes Vorhaben blickt, sprechen Sie mit ihm darüber und gehen Sie darauf ein. Wenn er spürt, dass Sie seine Gefühle teilen, verstärkt dies seine eigenen Emotionen. Bleiben Sie hierbei jedoch unbedingt aufrichtig. Es funktioniert nicht, wenn Sie Ihrem Gegenüber etwas vormachen. Doch wenn Sie tatsächlich ebenfalls Vorfreude und Zuversicht empfinden, dann sagen Sie es. Ein Satz wie „Ich freue mich darauf, dass wir die Sache jetzt bald in Angriff nehmen" macht keine große Mühe, hat aber große Wirkung. Ohnehin gilt:

Aufmerksamkeit ist ein wahres Zaubermittel, wenn es um Gespräche und Beziehungen geht.

Menschen lieben Aufmerksamkeit. Und wer Aufmerksamkeit schenkt, macht seinen Gesprächspartner zufriedener, glücklicher, aufgeschlossener und erhöht die Chancen für ein gutes Gespräch ohne emotionale Verwicklungen. Dabei zählen auch die kleinen Gesten: das leere Wasserglas unaufgefordert wieder auffüllen, die Fotos von den Kindern mit Interesse anschauen, den bequemeren Sitzplatz anbieten, Fragen stellen und die vollständige Antwort abwarten, nicht ins Wort fallen, ein aufrichtiges Kompliment machen. Solche scheinbar banalen Dinge können das Gespräch äußerst positiv beeinflussen und sind nicht selten mindestens so wirksam wie eine ausgefeilte Gesprächstaktik.

Es gibt also verschiedene Möglichkeiten, um zu verhindern, dass die Gefühle in einem Gespräch das Kommando übernehmen. Der souveräne Umgang sowohl mit Ihren eigenen Gefühlen als auch mit denen Ihres Gesprächspartners ist der Schlüssel dafür. Er minimiert die Gefahr einer Eskalation und schafft die besten Voraussetzungen dafür, dass Gespräche und Auseinandersetzungen konstruktiv geführt und dass Beziehungen gestärkt werden. Und das gilt für Gespräche und Diskussionen aller Art: für geschäftliche Verhandlungen genauso wie für private Diskussionen, familiäre Konflikte oder freundschaftliche Unterhaltungen.

ZUSAMMENFASSUNG

- Gefühle gehören zum Leben wie das Atmen. Sie beeinflussen alles, was unser Leben ausmacht. Ein souveräner Umgang mit den eigenen Gefühlen ist deshalb Voraussetzung für ein selbstbestimmtes Leben und unerlässlich, damit wir Gespräche und Beziehungen souverän führen können.
- Der souveräne Umgang mit Gefühlen beginnt damit, sie bewusst wahrzunehmen und sie konkret zu benennen. Beides erfordert Selbstreflexion und einen offenen und wertfreien Blick auf sich selbst.
- Wenn Gefühle uns beherrschen und unkontrollierbar werden, können sie zu einer Belastung werden. Denn sie verhindern dann, dass wir unser Verhalten selbstbestimmt und souverän steuern. Deshalb ist es wichtig, die eigenen Gefühle steuern zu können und die Souveränität über sie zu behalten.
- Für eine gelingende Kommunikation ist es wichtig, auch mit den Gefühlen anderer Menschen souverän umgehen zu können, damit ein partnerschaftlicher und konstruktiver Gesprächsverlauf gesichert ist und Eskalationen verhindert werden.

- Beim Umgang mit den Gefühlen anderer kommt es darauf an, diesen Gefühlen Raum zu geben, sie zuzulassen und auszuhalten und sie ernst zu nehmen und nicht zu bewerten.
- Durch unser Verhalten können wir in gewissem Maße Einfluss nehmen auf die Gefühle anderer Menschen: indem wir ihnen Aufmerksamkeit schenken und durch echte Anteilnahme positive Gefühle verstärken, indem wir unsere eigenen Gefühle im Griff haben und nicht etwaige negative Emotionen auf den anderen übertragen und indem wir unserem Gegenüber bewusst mit einer positiven Einstellung begegnen, um eine angenehme Atmosphäre herzustellen.

Mit Konflikten souverän umgehen

Im vorangegangenen Kapitel ging es um die bedeutende Rolle, die Emotionen in unserem Leben spielen. Sie haben großen Einfluss auf uns und nur wenn wir in der Lage sind, souverän mit ihnen umzugehen, können wir unser Leben, unsere Beziehungen und Gespräche selbstbestimmt und souverän gestalten. Für Gefühle, die in Konflikten auftreten, gilt dies genauso. Wenn nicht sogar noch mehr, denn gerade in Konflikten geht es mitunter emotional hoch her. Und wer hier seine Gefühle nicht unter Kontrolle bekommt, hat meist die schlechteren Karten.

Doch zum souveränen Umgang mit Konflikten gehört noch weit mehr. Schon Konflikte oder sich anbahnende Konflikte überhaupt als solche zu erkennen, ist gar nicht so einfach. Die Anzeichen können diffus sein und manchmal ist unser eigener Blick verstellt. Viele Konflikte sind zudem unnötig und lassen sich vermeiden, andere hingegen sind durchaus sinnvoll und sollten deshalb ausgetragen werden. Hier kommt es darauf an, den Unterschied zu erkennen und entsprechend zu handeln. Und dann ist da noch das Gespräch zur Lösung eines Konfliktes – hier sind Souveränität, kommunikatives Geschick und viel Einfühlungsvermögen gefragt.

Konflikte sind oft schwer erkennbar

Wer in der Lage ist, auf diese Weise mit Konflikten souverän umzugehen, hat sich auf dem Weg zu seinen eigenen Zielen bereits einen Vorteil verschafft. Denn Konflikten begegnen wir im Beruf, in der Familie, im Freundeskreis und in allen anderen sozialen Gemeinschaften immer wieder und wenn wir nicht souverän mit ihnen umgehen können, belasten sie uns. Sie bremsen uns aus, sie zerstören im Extremfall Beziehungen und verhindern konstruktive Auseinandersetzungen in der Sache, sie blockieren unser Denken, rauben den Beteiligten Energie und vergiften das Miteinander in der Gemeinschaft. Konkrete Auswirkungen von Konflikten sind zum Beispiel:

Typische Konfliktauswirkungen

- Die Konfliktbeteiligten kommunizieren nicht mehr aufrichtig miteinander. Sie verbreiten absichtlich irreführende Informationen, täuschen und verschleiern, halten Informationen zurück.
- In anhaltenden Konflikten treten die widerstreitenden Ansichten und Interessen immer stärker in den Vordergrund. Gemeinsame Interessen und übereinstimmende Meinungen werden in den Hintergrund gedrängt oder ganz aus dem Blickfeld geschoben. Konstruktive Gespräche sind kaum noch möglich.
- Die Beziehung der Beteiligten wird geprägt von Misstrauen, Argwohn und Kränkungen; unter Umständen kommt es sogar zu offenen Feindseligkeiten.
- Kooperation wird unmöglich, jedem geht es nur noch um die eigenen Interessen.
- In beruflichen Konflikten verschlechtern sich die Arbeitsergebnisse und das Arbeitsklima.
- Die Beteiligten leiden unter der emotionalen Belastung, die durch den Konflikt entsteht.
- Das nähere soziale Umfeld (Familie, Kollegen usw.) wird ebenfalls in Mitleidenschaft gezogen.

Mit Souveränität können Sie negative Folgen wie diese verhindern oder zumindest minimieren. Und im besten Fall gelingt es Ihnen sogar, das Positive, das aus – gelösten – Konflikten erwachsen kann, zu befördern.

Warum viele Konflikte unnötig sind

Konflikte sind etwas völlig Normales, sie sind alltäglicher Bestandteil des sozialen Miteinanders. Im Großen wie im Kleinen. Und oft erfüllen sie sogar wichtige Funktionen. Deshalb ist es gar nicht sinnvoll, Konflikte um jeden Preis zu verhindern. Entscheidend ist vielmehr, richtig zu reagieren, und vor allen Dingen, einen Konflikt nicht zu ignorieren. Trotzdem gibt es Konflikte, die gänzlich unnötig und deshalb im Nachhinein oft besonders ärgerlich sind. Und viele von diesen unnötigen Konflikten entstehen infolge von Missverständnissen.

Konfliktträchtige Missverständnisse

Nehmen wir ein einfaches Beispiel aus dem Berufsleben. Eine Vorgesetzte fragt einen Mitarbeiter: „Haben Sie schon die Mail an Herrn Schuster geschickt?" Inhaltlich, also auf der Sachebene, ist klar, worum es geht: Die Vorgesetzte möchte wissen, ob eine bestimmte E-Mail schon verschickt worden ist. Doch jenseits der Sachebene ist keineswegs klar, worum es geht, zumal die entsprechenden Botschaften nicht direkt verbalisiert werden und teils große Interpretationsspielräume entstehen. Der Mitarbeiter könnte zum Beispiel interpretieren, dass die Vorgesetzte ihn für langsam oder unzuverlässig hält oder dass sie glaubt, er hätte zuvor nicht richtig zugehört. Überlegungen wie diese betreffen die Beziehungsebene der beiden Beteiligten. Mit der Art und Weise, wie sie kommunizieren, drücken sie auf dieser Ebene aus, wie sie ihr Gegenüber sehen und einschätzen. Gleichzeitig können Botschaften mitschwingen, die etwas über die Persönlichkeit der Vorgesetzten selbst aussagen (Selbstoffenbarungsaspekt). Sie könnte zum Beispiel ungeduldig auf die Antwort von Herrn Schuster warten und deshalb nachfragen. Oder sie möchte sich nur noch einmal vergewissern, dass sie ihren Mitarbeiter tatsächlich darum gebeten hat, weil sie selbst etwas vergesslich ist.

In der Frage könnte darüber hinaus ein unausgesprochener Appell an den Mitarbeiter stecken, der von ihm herausinterpretiert werden müsste: Sollte er die Mail möglichst schnell verschicken? Oder soll er im Gegenteil noch damit warten, weil die Vorgesetzte noch etwas ergänzen möchte? Hätte er ihr eine Kopie der gesendeten Mail weiterleiten sollen? Soll er sie sofort informieren, wenn eine Antwort gekommen ist? – Hinzu kommen noch der Kontext der Frage und der Tonfall, in dem sie gesprochen wird. Beide ermöglichen jeweils zusätzliche Interpretationen. Stellt die Vorgesetzte die Frage leise unter vier Augen, ist das etwas völlig anderes, als wenn sie sie vor mehreren Kollegen stellt und dabei einen scharfen oder gar sarkastischen Ton anschlägt. Wenn es zwischen Mitarbeiter und Vorgesetzter bereits Spannungen gibt, erscheint die Frage in einem anderen Licht, als wenn beide harmonisch zusammenarbeiten.

Wie der Mitarbeiter diese einfache Frage nun tatsächlich auffasst, ist also das Ergebnis von komplexen Interpretationsvorgängen, bei denen zusätzlich seine eigenen Erwartungen, Wünsche oder Befürchtungen mit hineinspielen. – Angesichts all dieser Interpretationsmöglichkeiten ist es eher ein Wunder, wenn es *nicht* zu Missverständnissen und Konflikten kommt. Wie leicht kann es passieren, dass der Mitarbeiter sich gegängelt fühlt und die Frage als unnötiges Kontrollieren und als Missachtung seiner Arbeitsleistung auffasst, obwohl die Vorgesetzte in Wirklichkeit nur ungeduldig auf die Antwort wartet. Schon wäre der Grundstein für einen unnötigen Konflikt gelegt, der zudem vielleicht noch im Verborgenen bliebe, wenn der Mitarbeiter ihn aufgrund des hierarchischen Verhältnisses zur Vorgesetzten gar nicht ansprechen würde. Um sich gegen diese vermeintliche Bevormundung zur Wehr zu setzen, gibt der Mitarbeiter in Zukunft dann schon aus Prinzip immer Kontra, wenn die Vorgesetzte einen Vorschlag macht. Seine Arbeit erledigt er zwar überkorrekt, er übernimmt jedoch nie mehr Aufgaben als unbedingt nötig. Dafür überschüttet er seine Vorgesetzte mit überflüssigen Informationen über seine Arbeitsabläufe und -ergebnisse. Die Vorgesetzte ist genervt vom Verhalten des Mitarbeiters und fühlt sich von ihm ungerechtfertigt angegriffen. Sie behält ihn jetzt im Auge und ermahnt ihn häufiger als früher. So schaukeln sich die beiden nach und nach hoch und der unterschwellige Konflikt kommt richtig auf Touren. – Dieses Beispiel ist vielleicht etwas überzeichnet, dennoch wird deutlich:

Auch kleine, scheinbar belanglose Missverständnisse können zu nachhaltigen Konflikten führen.

Neben den vielen Interpretationsmöglichkeiten auf den verschiedenen Ebenen der Kommunikation gibt es etliche weitere mögliche Ursachen für Missverständnisse.

Achten Sie deshalb in der Kommunikation auch auf folgende Aspekte, um Missverständnisse möglichst zu verhindern:

Wie Sie Missverständnisse vermeiden

- Beugen Sie etwaigen Störungen bei der Übermittlung von verbalen Botschaften vor und erleichtern Sie Ihrem Gegenüber das Verstehen Ihrer Aussagen: Mildern Sie zum Beispiel einen schwer verständlichen Dialekt ab; vermeiden Sie wichtige Gespräche bei einer schlechten Telefonverbindung; sprechen Sie deutlich; benutzen Sie einen gut verständlichen Satzbau; passen Sie Ihr Vokabular an den Kenntnisstand Ihres Gegenübers an.
- Ihre verbalen und nonverbalen Botschaften (Mimik, Gestik, Tonfall, Körpersprache) sollten stimmig sein. Steht das, was Sie wörtlich sagen, in Widerspruch zu dem, was Sie nonverbal ausdrücken, steigt die Gefahr von Missverständnissen, weil unklar ist, welche Botschaft Gültigkeit hat und wie Ihre Aussage zu interpretieren ist.
- Wenn Ihr Gegenüber aus einem anderen Kulturkreis kommt, machen Sie sich mit den entsprechenden Gepflogenheiten vertraut oder fragen Sie einfach danach. Ansonsten besteht unter Umständen die Gefahr, dass beispielsweise Redewen-

dungen, Symbole oder Umgangsformen, die Sie aus Ihrem eigenen Kulturkreis verwenden, missverstanden werden.

- Lassen Sie sich selbst nicht zu vorschnellen Interpretationen verleiten. Zum Beispiel neigen wir dazu, bei einer Aufforderung, die an uns gerichtet wird, bereits den Vorwurf mitzuhören, dass das doch schon längst hätte erledigt sein können. Entsprechend abweisend oder verteidigend reagieren wir dann häufig – und das eben auch dann, wenn wir diesen Vorwurf nur hineininterpretiert haben.
- Etwaige Vorurteile und Erwartungen gegenüber unserem Gesprächspartner verleiten uns ebenfalls zu Fehlinterpretationen und provozieren so Missverständnisse. Bleiben Sie selbst möglichst unvoreingenommen und offen, um derartige Missverständnisse zu vermeiden.
- Botschaften, die nicht in unser Weltbild oder in unsere Denkmuster passen, interpretieren wir manchmal so lange, bis wir sie passend gemacht haben. Diese Fehlinterpretationen führen zu Missverständnissen und verschließen unsere Augen vor den Interpretationen, die unser Weltbild womöglich verändern würden.

Einander besser verstehen und Konfliktursachen vorbeugen

Sie selbst haben es in der Hand, das gegenseitige Verstehen zu fördern und damit möglichen Konfliktursachen vorzubeugen. Ihr eigenes Verhalten und Ihre Einstellung, mit der Sie in Gespräche gehen und Ihrem Gegenüber begegnen, haben großen Einfluss darauf. Beginnen Sie deshalb damit, bewusst zu kommunizieren und die Kommunikation zwischen Ihnen und Ihrem Gegenüber wahrzunehmen. Öffnen Sie sich für die verschiedenen Interpretationsmöglichkeiten, auch wenn sie vielleicht aus Ihrem bisherigen Weltbild herausfallen. Machen Sie sich bewusst, dass das Entschlüsseln von Botschaften immer eine Form des Interpretierens ist und dass Ihre Interpretationen von den verschiedensten Faktoren beeinflusst werden: zum Beispiel von Ihren eigenen Erwartungen, Befürchtungen, Wünschen, Vorurteilen, von dem Bild, das Sie sich vom Gegenüber machen, von Ihrer Tagesform, Ihren persönlichen Empfindlichkeiten, Ihrem eigenen beruflichen/familiären/kulturellen Background und von etlichen Dingen mehr.

Sensibilisieren Sie sich für typische Konfliktursachen. So können Sie sie besser erkennen, angemessen darauf reagieren und ihnen vorbeugen. Zu den häufigen Ursachen für Konflikte gehören zum Beispiel:

Typische Konfliktursachen

- ein Mangel an Kommunikation beziehungsweise fehlende Kommunikationsbereitschaft
- destruktiv verlaufende und gescheiterte Gespräche
- eine unfaire Gesprächsführung
- das Zurückhalten oder Verschleiern von Informationen
- das Aufeinandertreffen unterschiedlicher Wertvorstellungen, Interessen oder Zielstellungen
- das Ignorieren von Signalen, die auf einen beginnenden Konflikt hindeuten
- ein Mangel an gegenseitiger Wertschätzung und Akzeptanz
- Vorurteile und Voreingenommenheit
- ein Mangel an Aufmerksamkeit und echtem Interesse für das Gegenüber
- eine negative Einstellung zum Gegenüber
- Unzuverlässigkeit, Unglaubwürdigkeit, Misstrauen
- ungeklärte Zuständigkeiten und Verantwortungsbereiche
- Machtkämpfe und unklare Machtverhältnisse
- persönliche Vorurteile und Empfindlichkeiten
- Beleidigungen, persönliche Angriffe, vorsätzliches Lügen

Förderlich für das gegenseitige Verstehen und damit auch für die Konfliktvorbeugung ist zudem ein Miteinander, in dem Missverständnisse als normal und legitim betrachtet werden. Sie sind nämlich kein schlimmer Fauxpas, den man lieber verschämt unter den Teppich kehren sollte. Sehr viel hilfreicher ist es, wenn es allen Beteiligten leichtfällt, etwaige Missverständnisse oder

Unklarheiten anzusprechen und sie aufzuklären. Etlichen unnötigen Konflikten würde damit von vornherein der Wind aus den Segeln genommen. Werden Fragen und Unklarheiten ausgesprochen, kann es einen offenen Austausch geben, der zur Klärung beiträgt und die Interpretationen mit den Realitäten abgleicht. Fragen Sie Ihren Gesprächspartner im Zweifelsfalle also ruhig, wie er eine bestimmte Aussage gemeint hat. Bitten Sie ihn um Erläuterung. Machen Sie dabei deutlich, dass Sie offen und unvoreingenommen sind und dass Ihr Gegenüber sich frei äußern kann, selbst wenn Sie unterschiedlicher Meinung sind. Hören Sie aufmerksam zu und nutzen Sie das aktive Zuhören, zeigen Sie echtes Interesse und die Bereitschaft, Ihre bisherige Interpretation des Gesagten zu ändern, wenn Sie etwas missverstanden haben. Nutzen Sie die Mittel der Metakommunikation, um etwaige Missverständnisse zu erkennen und aufzulösen.

TIPP   Sprechen Sie mit Ihrem Gesprächspartner bei Bedarf darüber, wie Sie miteinander reden. So gewinnen Sie etwas Abstand zum Gesprächsgegenstand und können Unausgesprochenes thematisieren und Verständnisschwierigkeiten leichter aufdecken. Sprechen Sie zum Beispiel über auffällige Vorkommnisse während des Gesprächs, über besprochene und ausgeblendete Inhalte, über Gesprächsergebnisse sowie das Verhalten und die Gefühle der Beteiligten.

Darüber hinaus trägt all das, was eine souveräne Kommunikation ausmacht, zur Konfliktvorbeugung bei. Denn wenn Sie authentisch, glaubwürdig, verantwortungsvoll und verlässlich agieren, aufmerksam und mit Einfühlungsvermögen kommunizieren und Ihrem Gegenüber unvoreingenommen und mit Wertschätzung begegnen, legen Sie die besten Grundlagen für ein konfliktfreies Miteinander.

„Entschuldigung, das war mein Fehler ..."

So manchen Konflikt hätte es nicht gegeben, wenn es uns nicht so schwerfallen würde, eine aufrichtige Entschuldigung auszusprechen. Obwohl die Erfahrung immer wieder zeigt, dass viele Menschen auch nach Kränkungen oder Ungerechtigkeiten schnell Nachsicht zeigen, wenn jemand aufrichtig bei ihnen um Entschuldigung bittet, gehört das Entschuldigen zu einer der schwierigsten Aufgaben in Beziehungen.

Sorry seems to be the hardest word

Ein Grund dafür ist, dass wir – vor anderen und vor uns selbst – nicht gern zugeben, dass wir im Unrecht waren, uns falsch verhalten oder einen Fehler gemacht haben. Wir befürchten zum Beispiel, damit unser Gesicht zu verlieren, unser Selbstbild infrage stellen zu müssen, gegenüber dem anderen schwach zu erscheinen oder dass sich andere vielleicht sogar über unseren Missgriff lustig machen. Am liebsten wäre es uns deshalb, wenn einfach Gras über die Sache wachsen würde. Leider passiert das normalerweise nicht und eine ausbleibende Entschuldigung macht die Sache meist nur noch schlimmer, nicht selten sogar so schlimm, dass daraus ein echter Konflikt erwachsen kann. Denn wir zeigen damit, dass wir nicht bereit sind, Verantwortung für unser Handeln und unsere Entscheidungen zu übernehmen, dass es uns egal ist, wenn wir andere Menschen enttäuschen, in Schwierigkeiten bringen oder ungerecht behandeln. Wir zeigen kein Bedauern und keine Einsicht. Und selbst im harmlosesten Fall zeigen wir immer noch, dass uns die Souveränität und der Mut fehlen, uns dieser Herausforderung zu stellen.

Eine aufrichtige Entschuldigung hingegen signalisiert das Gegenteil. Und das ist auch der Grund, warum es unserem Gegenüber dann häufig leichtfällt, eine Entschuldigung zu akzeptieren. Wir wirken dadurch nicht schwach oder laufen Gefahr, unser Gesicht zu verlieren. Vielmehr erscheinen wir stark und souverän und stärken unser Ansehen, weil wir Verantwortung übernehmen und dem anderen zeigen, dass wir ihn wertschätzen und er uns wichtig ist. – Unstimmigkeiten und Enttäuschungen lassen sich auf diese Weise schnell und unkompliziert aus der Welt schaffen, sodass sich ein Konflikt gar nicht erst zusammenbraut.

Warum manche Konflikte sinnvoll sind

Der souveräne Umgang mit Konflikten bedeutet keineswegs, Konflikte um jeden Preis zu verhindern. Denn Konflikte können sehr sinnvoll sein und teils wichtige Funktionen im sozialen Miteinander erfüllen. Sie können zum Beispiel dazu beitragen, dass unterschiedliche Ansichten, Meinungen, Interessen oder Zielsetzungen offen zur Sprache gebracht und ausdrücklich akzeptiert werden. Werden diese Konflikte konstruktiv bewältigt, können aus diesen Unterschieden sogar fruchtbare Impulse für die Beteiligten entstehen. Sie geben Anlass, neue Ideen und Lösungen zu entwickeln, weil sich durch die Auseinandersetzung mit dem jeweils anderen Standpunkt neue Perspektiven entwickeln. Dadurch vertieft sich häufig das gegenseitige Verständnis und der gegenseitige Respekt wird gewahrt, selbst dann, wenn die Meinungsverschiedenheiten bestehen bleiben.

Werden solche Konflikte hingegen unterdrückt oder ignoriert, treten diese Unterschiede unter Umständen gar nicht zutage und die verschiedenen Interessen und Bedürfnisse der Beteiligten können nicht berücksichtigt werden. Dabei sind es eben diese unterschiedlichen Interessen und Bedürfnisse, die Ausdruck menschlicher Individualität sind. In ihnen spiegelt sich die Komplexität des Lebens und der Gesellschaft wider. Konflikte können diese Vielfalt sichtbar und nutzbar machen. Zudem werden durch Konflikte Gewohnheiten, Muster und Althergebrachtes auf den Prüfstand gestellt, wodurch starke Impulse für Veränderungen und Entwicklungsprozesse entstehen können. Altes und Überholtes kann überwunden, Neues und Innovatives kann geschaffen werden. Für mich bedeutet dies Folgendes:

Es ist wichtig, sich sinnvollen und notwendigen Auseinandersetzungen bewusst zu stellen und sie auszutragen.

Menschen, die dazu bereit sind, notwendige Konflikte einzugehen, stellen in meinen Augen ihr Verantwortungsbewusstsein und ihre Souveränität unter Beweis. Denn sie ermöglichen damit, dass die positiven Aspekte von Konflikten greifen und die sinnvollen Effekte eintreten können.

Die genannten Funktionen können Konflikte jedoch nur erfüllen, wenn sie bewusst ausgetragen und gelöst werden. Voraussetzung dafür ist wiederum, dass wir überhaupt erst einmal erkennen, wann sich ein Konflikt anbahnt oder bereits Fahrt aufnimmt. Achten Sie deshalb auf typische Anzeichen für entstehende oder unterschwellige Konflikte, wie zum Beispiel:

Entstehende Konflikte erkennen

- Meinungsverschiedenheiten zwischen zwei Parteien können nicht mehr durch sachliche Gespräche gelöst werden. Starke Emotionen kommen ins Spiel und es entstehen Spannungen zwischen den Beteiligten.
- Die Beteiligten gehen zunehmend ungeduldiger und schonungsloser miteinander um.
- Gespräche sind geprägt von unterschwelligen Aggressionen oder Sarkasmus.
- Die Standpunkte der Beteiligten verhärten sich, jede Seite hält beharrlich am eigenen Standpunkt fest.
- Die Beteiligten neigen zu Polarisierung und Schwarzweißmalerei.
- Ein konstruktives Miteinander ist nicht möglich, die Vorschläge der Gegenseite werden grundsätzlich abgelehnt.
- In Auseinandersetzungen geht es kaum noch um die Sache selbst, sondern in erster Linie um gegenseitige Kränkungen und Vorwürfe.
- Unbeteiligte werden hinzugezogen und sollen Stellung beziehen und sich für eine Seite entscheiden.

■ Mit Gerüchten oder Intrigen werden indirekte Angriffe gegen die andere Partei gefahren.

Wenn Sie Anzeichen wie diese wahrnehmen, ist es Zeit zu handeln. Ansonsten nimmt der Konflikt seinen Lauf und das destruktive Verhalten der Beteiligten wird zunehmen und die Fronten werden sich weiter verhärten. Aus einer einfachen Meinungsverschiedenheit kann sich so ein ernster Konflikt entwickeln, bei dem sich schließlich zwei Parteien unversöhnlich gegenüberstehen. Eine Lösung ist dann nur noch mit großem Aufwand oder überhaupt nicht mehr möglich. – Zeit zu handeln heißt hier vor allem: Zeit zu reden. Denn:

Ein klärendes Gespräch kann die fatale Dynamik eines fortschreitenden Konfliktes aufhalten und eine nachhaltige Konfliktlösung herbeiführen.

Konflikte im Gespräch lösen

Wenn Sie einen Konflikt wirklich lösen wollen, geht dies nicht ohne ein klärendes Gespräch. Sie können einen bestehenden Konflikt nicht aussitzen oder so tun, als gäbe es ihn nicht. Davon verschwindet er nicht und davon lässt sich auch die Dynamik eines Konfliktes nicht bremsen. Und am besten warten Sie gar nicht darauf, dass jemand anderes die Initiative zur Konfliktlösung übernimmt, sondern werden selbst aktiv, wenn Sie Handlungsbedarf sehen. – Ich weiß, dass das nicht immer leicht ist. Doch souveräne Menschen sind bereit, sich dieser Aufgabe zu stellen.

Im Gespräch bleiben

Heikle Gespräche und Konfliktlösungen zu initiieren fällt den meisten Menschen schwer; und wir verfügen über ziemlich ausgeklügelte Vermeidungs- und Ausweichstrategien, wenn es darum geht, schwierige Konflikte anzugehen. Damit diese (unbewussten) Vermeidungsstrategien ihre Wirkung möglichst gar nicht entfalten können, ist es erst einmal wichtig, zu verstehen und zu akzeptieren, dass Ausweichen keine Lösung ist. Des Weiteren kommt es darauf an zu erkennen, mit welchen (unbewussten) Vermeidungsstrategien wir versuchen, einem Konfliktlösungsgespräch aus dem Wege zu gehen. Denn nur wenn Sie Ihr eigenes vermeidendes Verhalten erkennen, können Sie Ihr Verhalten entsprechend verändern. Und nur wenn Sie das vermeidende Verhalten der anderen Beteiligten erkennen, können Sie deren Verhalten verstehen, unbewusstes oder absichtliches Vermeiden aufdecken und Ihre Gesprächsführung anpassen.

Eine typische Vermeidungsstrategie ist zum Beispiel, einfach so zu tun, als gäbe es keinen Konflikt und alles wäre Ordnung. Sie wirkt besonders gut, weil häufig beide Parteien gleichzeitig diese Strategie verfolgen und froh sind, dass niemand den Konflikt zur Sprache bringt. Alles läuft wie immer; Probleme, Spannungen und Meinungsverschiedenheiten werden überspielt. Man geht sich vielleicht eher aus dem Weg, spricht nicht mehr so persönlich miteinander, doch im Großen und Ganzen gibt man sich den Anschein von Normalität. – Dass im Hintergrund Zwietracht brodelt oder Enttäuschungen tiefe Risse in die Beziehung reißen, wird, so gut es geht, unter dem Deckel gehalten. Meist allerdings nur so lange, bis das nicht mehr funktioniert und es schließlich zum großen Knall kommt oder sich beide Parteien einfach kommentarlos voneinander abwenden.

Klassische Vermeidungsstrategie: einen Konflikt ignorieren

Für den Fall, dass die andere Partei den Konflikt doch anspricht, haben wir ebenfalls eine passende Strategie: Wir überhören oder missverstehen absichtlich ihren Versuch, ein Konfliktgespräch zu beginnen. Wie zufällig bringen wir die Unterredung dann auf ein anderes Thema und bremsen so den Klärungsversuch des Gegenübers aus. Andersherum machen wir – ein weiterer Baustein dieser Vermeidungsstrategie – selbst nur sehr verhaltene und vage Versuche eines Gesprächsbeginns. Wir reden in Andeutungen und unklar über ein etwaiges Problem, in der Hoffnung, dass unser Gegenüber unseren Gesprächseinstieg überhört, sodass wir immerhin vor uns selbst sagen können, wir hätten es ja versucht.

Eine andere Strategie, um im Gespräch Konfrontationen aus dem Weg zu gehen, ist das Verschleiern oder komplette Verschweigen der eigenen Meinung. Anstatt eine offene Auseinandersetzung zu riskieren, halten wir lieber mit unseren Ansichten hinter dem Berg oder wir formulieren sie etwas schwächer oder mehrdeutig. So versuchen wir, das Konfliktpotenzial zu minimieren. – Leider funktioniert das nicht, zumindest nicht auf lange Sicht. Ob ausgesprochen oder unausgesprochen, das Konfliktpotenzial bleibt bestehen. Und unausgesprochen arbeitet es nur noch mehr in uns, zumal wir uns häufig zugleich ein bisschen vor uns selbst schämen, weil wir die Auseinandersetzung scheuen und nicht offen zu unserer Meinung stehen.

Menschen, die über etwas mehr Chuzpe verfügen, gehen den entgegengesetzten Weg. Statt ihre Meinung zurückzuhalten, preschen sie mit ihrer Meinung vor, um ein Gespräch zu dominieren und keine anderen Ansichten zur Geltung kommen zu lassen. Sie halten Monologe, lassen andere nicht zu Wort kommen, wechseln unversehens das Thema und übergehen Fragen oder Einwände. – Auch eine Strategie, um Gespräche auszubremsen, doch sicherlich ungeeignet, um das Eskalieren von Konflikten zu verhindern.

Vermeidungsstrategien tragen nichts zur Konfliktlösung bei. Im Gegenteil: Häufig verschärfen sie einen Konflikt sogar, weil er unter dem Deckel der Verschwiegenheit erst so richtig hochkocht oder weil die Gegenseite sich durch das ignorante Verhalten einer Partei zusätzlich provoziert fühlt.

Deshalb rate ich, unbedingt zu versuchen, miteinander im Gespräch zu bleiben oder (wieder) ins Gespräch zu kommen.

Konflikte besser verstehen

Wenn Sie bereit sind, sich einem Konflikt zu stellen und ein Konfliktlösungsgespräch zu initiieren, ist es hilfreich, zunächst zu versuchen, den Konflikt besser zu verstehen und so zum wahren Kern der Auseinandersetzung vorzudringen. Dabei hilft Ihnen das Wissen über die verschiedenen Ebenen, auf denen sich Konflikte abspielen können:

Sachebene: Bei Sachkonflikten sind die Beteiligten unterschiedlicher Meinung über die zur Diskussion stehende Sache an sich. Die Konflikte drehen sich zum Beispiel um die Frage, welches konkrete Ziel verfolgt werden soll, mit welcher Methode ein Problem am besten gelöst wird oder wie viele Ressourcen in ein Vorhaben gesteckt werden sollen. Die unterschiedlichen Meinungen darüber können etwa resultieren aus Unterschieden im persönlichen Kenntnis- oder Erfahrungsstand, bei den persönlichen Vorlieben und Sichtweisen usw.

Beziehungsebene: Beziehungskonflikte stehen oft in enger Wechselwirkung mit Sachkonflikten und können die sachliche Auseinandersetzung stark beeinträchtigen, wenn sie nicht erkannt werden. In Beziehungskonflikten geht es um das Verhältnis der Beteiligten zueinander. Sie entstehen zum Beispiel aufgrund von emotionalen Unstimmigkeiten oder Antipathien unter den Beteiligten. Oder wenn sich eine Partei verletzt, gedemütigt oder missachtet fühlt, beispielsweise durch fehlende Anerkennung und Wertschätzung. Auch Machtkämpfe oder Negativerfahrungen aus zurückliegenden Konflikten können Beziehungskonflikte verursachen.

Werteebene: Ein Wertekonflikt liegt vor, wenn die persönlichen Wertvorstellungen und Überzeugungen der Beteiligten miteinander oder mit bestimmten Zielstellungen oder Methoden nicht zu vereinbaren sind.

Rollenebene: Wenn die verschiedenen Rollen, die eine Person übernimmt, miteinander im Widerstreit liegen und widerstrebende Erwartungen an eine Person stellen, entsteht ein Rollenkonflikt. Wenn eine Mutter zum Beispiel gleichzeitig Chefin ihres Sohnes ist, können sich aus diesen beiden Rollen gegensätzliche Erfordernisse ergeben. Rollenkonflikte können allerdings auch entstehen, wenn ein Rollenwechsel stattfindet (vom Mitarbeiter zum Vorgesetzten) oder wenn die eigene Rolle von anderen nicht akzeptiert wird oder wenn eine Person selbst ihre Rolle nicht annimmt und ihr nicht gerecht wird.

Mit dem Wissen um die verschiedenen möglichen Konfliktebenen können Sie sich leichter ein Bild von der Situation machen. Beantworten Sie zur Analyse eines Konfliktes die folgenden Fragen, um sich dem Konflikt sachlich und systematisch zu nähern und ihn besser zu verstehen:

Fragen zum Konfliktverständnis

- Worum wird gestritten, was ist der Gegenstand der Auseinandersetzung?
- Welche Personen sind an dem Konflikt beteiligt? Welche Rollen haben die Beteiligten inne? In welcher Beziehung stehen die Beteiligten zueinander?
- Auf welcher Ebene spielt sich der Konflikt ab? Vermischen sich mehrere Ebenen? Welche?

- Wie ist der Konflikt entstanden? Welche Ursachen lassen sich erkennen oder zumindest vermuten?
- Wie stark ist der Konflikt bereits eskaliert?
- Wie emotional wird der Konflikt ausgetragen?
- Welche Auswirkungen hat der Konflikt bereits?
- Welche Personen sind mittelbar von dem Konflikt betroffen?
- Welche unterschiedlichen Interessen und Argumente der Beteiligten treffen in dem Konflikt aufeinander?
- Wo liegen die größten Widersprüche zwischen den Parteien?
- Was haben die Beteiligten bisher schon zum Konflikt gesagt?
- Gab es bereits Versuche, den Konflikt zu lösen? Woran sind sie gescheitert?

Nehmen Sie diese Fragen als Einstieg in die Konfliktanalyse. Sicherlich werden sich während der Analyse weitere Fragen ergeben, denen Sie nachgehen können, um Ihr Verständnis des Konfliktes weiter zu vertiefen.

Eine sachliche und systematische Analyse ist überdies sehr nützlich, weil Sie etwas Abstand zum Konflikt herstellen und so Ihre Emotionen besser kontrollieren können. Das erleichtert eine konstruktive Gesprächsführung zur Klärung des Konfliktes.

Ein Konfliktgespräch führen

Insbesondere in Konfliktlösungsgesprächen gelten die Grundregeln der souveränen Kommunikation. Denn:

Die Art der Gesprächsführung und die Herangehensweise an den Lösungsprozess haben großen Einfluss darauf, ob eine Konfliktlösung gelingt oder nicht. Noch mehr als in anderen Gesprächen kommt es hierbei auf eine faire, wertschätzende, emphatische und lösungsorientierte Kommunikation an.

Grundsätzlich kann ein Konfliktlösungsgespräch jedoch nur erfolgreich verlaufen, wenn alle Beteiligten erkennen und akzeptieren, dass es einen Konflikt gibt, und wenn sie den Konflikt lösen wollen. Ohne diese Einsicht und diese Gesprächsbereitschaft stehen die Chancen schlecht.

Eine vertrauens-
volle Atmosphäre
schaffen Zu Beginn des Gesprächs geht es in erster Linie darum, eine vertrauensvolle und offene Gesprächsatmosphäre zu schaffen und das gegenseitige Verstehen zu fördern. Stellen Sie deshalb schon mit dem Gesprächseinstieg eine Situation her, die von Höflichkeit, Aufrichtigkeit und Klarheit geprägt ist. Die Rahmenbedingungen tragen dazu ebenfalls bei: Störungen und Zeitdruck sollten unbedingt vermieden werden. Als Einstieg ins Gespräch werden der Anlass und die Ziele des Gesprächs besprochen. Hier sollte darauf geachtet werden, dass alle Beteiligten präzise und klar formulieren und einander aufmerksam zuhören, um Missverständnisse gar nicht erst entstehen zu lassen oder sie zumindest direkt aufzuklären. Häufig treten hier bereits Unterschiede in der Wahrnehmung durch die Konfliktbeteiligten zutage. Deshalb geht es vor allem darum, dass alle Beteiligten verstehen, was den Konflikt für die Betroffenen ausmacht. Absolut kontraproduktiv sind vorschnelle oder flapsige Lösungsvorschläge à la „Na los, wir klären das jetzt ein für alle Mal …" oder „Also das ist ja keine große Sache. Wir machen einfach …".

Stattdessen geht es darum, gemeinsam eine Lösung zu finden. Und zwar eine Lösung, mit der alle Seiten einverstanden und zufrieden sind und die niemanden zum Verlierer oder Sieger macht. Entscheidend ist, dass den Standpunkten, Interessen und Bedürfnissen der jeweils anderen Partei mit Wertschätzung, Akzeptanz und echtem Interesse begegnet wird. Persönliche Angriffe sind ebenso tabu wie die Suche nach einem Sündenbock.

Vorrangiges Ziel ist es, dass die Konfliktparteien:

- die Interessen der Gegenseite verstehen
- ihre eigenen Interessen deutlich machen
- den Gegenstand des Konfliktes aufklären
- die Hintergründe des Konfliktes beleuchten
- zum Kern der Auseinandersetzung vorstoßen

Für einen Lösungsansatz versuchen die Beteiligten dann, gemeinsame Interessen zu finden und auf dieser Basis eine Konfliktlösung zu entwickeln. Zur Absicherung einer gefundenen Lösung treffen die Beteiligten verbindliche Vereinbarungen, legen konkrete Umsetzungsmaßnahmen fest und besprechen das weitere Vorgehen. Es ist sinnvoll, diese Vereinbarungen und Absprachen schriftlich zusammenzufassen und zu fixieren, um Missverständnisse auszuschließen. Wichtig ist hierbei, dass sich die Beteiligten genug Zeit lassen und Maßnahmen und Vorgehen im Detail besprechen. Je eindeutiger und konkreter die Vereinbarungen sind, umso besser.

Nach einem Gespräch sind alle Beteiligten gleichermaßen für die Verwirklichung und Einhaltung der getroffenen Vereinbarungen verantwortlich. Zudem sollten alle bestrebt sein, das Gesprächsergebnis auch emotional zu verarbeiten und zu akzeptieren, sodass sich etwaige Rachegefühle oder Enttäuschungen mit der Zeit auflösen. Dieser Prozess braucht unter Umständen viel Zeit, ist jedoch von großer Bedeutung, damit die Konfliktlösung dauerhaft Bestand hat, ohne neues Konfliktpotenzial zu erzeugen.

Alle Beteiligten sind verantwortlich

- Konflikte sind etwas Alltägliches und treten in sozialen Gemeinschaften immer wieder auf. Damit sie nicht zur Belastung werden, ist es wichtig, mit ihnen souverän umzugehen.

- Ein souveräner Umgang mit Konflikten hilft dabei, negative Konfliktfolgen zu verhindern oder zumindest zu minimieren. Zudem wird so das Positive, das aus gelösten Konflikten erwachsen kann, befördert.

- Viele Konflikte sind unnötig und lassen sich vermeiden, andere hingegen sind sehr sinnvoll und sollten deshalb ausgetragen und gelöst werden. Bei einem entsprechenden Konfliktlösungsgespräch sind Souveränität, kommunikatives Geschick und viel Einfühlungsvermögen gefragt.

- Missverständnisse – auch kleine, scheinbar belanglose – sind ein häufiger Auslöser für unnötige Konflikte. Wer einen Kommunikationsstil pflegt, der das gegenseitige Verstehen fördert und Missverständnisse minimiert, kann damit bereits etlichen Konflikten vorbeugen.

- Alles, was eine souveräne Kommunikation ausmacht, trägt zur Konfliktvorbeugung bei. Denn wenn Sie authentisch, glaubwürdig, verantwortungsvoll und verlässlich agieren, aufmerksam und mit Einfühlungsvermögen kommunizieren und Ihrem Gegenüber unvoreingenommen und mit Wertschätzung begegnen, legen Sie die besten Grundlagen für ein konfliktfreies Miteinander.

- Nicht alle Konflikte sind unnötig. Es gibt Konflikte, die sehr sinnvoll sind und teils wichtige Funktionen im sozialen Miteinander erfüllen. Daher ist es nicht richtig, Konflikte um jeden Preis zu verhindern. Vielmehr sollten sinnvolle und notwendige Auseinandersetzungen bewusst ausgetragen werden. – Auch das ist Ausdruck von Verantwortungsbewusstsein und Souveränität.

- Ein klärendes Gespräch kann die fatale Dynamik eines fortschreitenden Konfliktes aufhalten und eine nachhaltige Konfliktlösung herbeiführen. Dafür ist es hilfreich, wenn Sie zunächst versuchen, den Konflikt besser zu verstehen und so zum wahren Kern der Auseinandersetzung vorzudringen.

- Insbesondere in Konfliktlösungsgesprächen gelten die Grundregeln der souveränen Kommunikation, denn die Art der Gesprächsführung und die Herangehensweise an den Lösungsprozess haben großen Einfluss darauf, ob eine Konfliktlösung gelingen kann oder nicht. Noch mehr als in anderen Gesprächen kommt es hierbei auf eine faire, wertschätzende, empathische und lösungsorientierte Kommunikation an.

- Bei der Konfliktlösung geht es immer darum, dass alle Parteien gemeinsam eine Lösung finden. Und zwar eine Lösung, mit der alle einverstanden und zufrieden sind und die niemanden zum Verlierer oder Sieger macht.

Schwierige Gespräche meistern

Konfliktgespräche sind nicht die einzigen schwierigen Gespräche, die uns im Alltag oder im Berufsleben begegnen. Immer wieder geraten wir in Gesprächssituationen, in denen es schwierig ist, uns mit dem Gegenüber zu verständigen, zusammen an einer Lösung zu arbeiten und auf einen gemeinsamen Nenner zu kommen. In einigen Fällen stellt schon das Anfangen eines Gesprächs eine große Hürde dar. Und dann gibt es da noch diese speziellen Gesprächspartner, die uns manchmal das Leben (vorsätzlich) schwer machen.

Doch wir kommen nicht umhin, uns all diesen Schwierigkeiten zu stellen. Denn wenn wir als Person und mit unseren Argumenten überzeugen wollen, müssen wir sowohl mit komplizierten Gesprächen als auch mit unangenehmen Gesprächspartnern souverän umgehen können.

Sie haben in den vorangegangenen Kapiteln bereits erfahren, was eine souveräne Gesprächsführung ausmacht. Das Wissen darum ist nun jedoch nur die eine Seite. Die andere Seite ist das konsequente Anwenden der entsprechenden Grundsätze. Gerade in schwierigen Gesprächen ist dies allerdings keine leichte Aufgabe. Ein provokanter Gesprächsstil des Gegenübers, ein heikles Thema, aufwallende Emotionen, die eigene Anspannung oder Nervosität – all das erschwert eine souveräne Kommunikation. Und macht sie gleichzeitig umso wichtiger.

 In schwierigen Gesprächen werden Ihre Souveränität und Ihre Konsequenz auf den Prüfstand gestellt.

Es ist entscheidend, dass Sie auch in schwierigen Gesprächssituationen daran festhalten, konsequent einen partnerschaftlichen und lösungsorientieren Kommunikationsstil zu verfolgen, und dass Sie eine unfaire, destruktive und auf Provokation ausgelegte Gesprächsführung nicht hinnehmen. Das heißt:

Wenn es schwierig wird: konstruktiv bleiben

- Setzen Sie selbst keine unfairen rhetorischen Mittel ein.
- Machen Sie deutlich, dass Sie auch von Ihrem Gesprächspartner keine unfairen Mittel akzeptieren. Setzen Sie hier klare Grenzen.
- Behalten Sie Ihre eigenen Emotionen im Griff und wirken Sie deeskalierend, wenn die Gefühle Ihres Gegenübers hochkochen.
- Bleiben Sie konsequent bei der Sache, lassen Sie sich nicht auf Provokationen oder Nebenschauplätze ein.
- Bewahren Sie Ruhe und Gelassenheit und bleiben Sie höflich.
- Als letzte Konsequenz: Beenden Sie eine Unterredung, wenn Ihr Gesprächspartner ein konstruktives und faires Gespräch dauerhaft verweigert.

Insgesamt geht es darum, mit Ihrem gesamten Verhalten zu zeigen, dass Sie auch schwierige Gespräche fair und lösungsorientiert bestreiten wollen – und das insbesondere dann, wenn Ihr Gesprächspartner etwas anderes vorhat.

Grundsätze für den Umgang mit schwierigen Gesprächspartnern

Nicht immer verfolgen Menschen das Ziel, Gespräche partnerschaftlich, lösungs- und verständigungsorientiert zu führen. Manchmal wollen sie eine Auseinandersetzung einfach nur um jeden Preis gewinnen und ihre Position ohne Abstriche durchsetzen. Oder sie wollen sogar ihren Gesprächspartner persönlich angreifen und „besiegen", sich selbst als dominant inszenieren. Manchmal sind es jedoch auch eigene Unsicherheiten oder ein Mangel an guten Argumenten, die Menschen dazu bringen, ein Gespräch (unabsichtlich) mit unfairen Mitteln zu führen. – Was auch immer die Gründe dafür sind: Wenn in einem Gespräch unfaire und destruktive Methoden eingesetzt werden, geraten der sachliche Gegenstand und die Lösungsfindung in den Hintergrund und im Vordergrund stehen persönliche Befindlichkeiten und Differenzen. Unter diesen Bedingungen verschärfen sich schwierige Gespräche und eine Verständigung oder Einigung rückt in weite Ferne.

Unfaire Tricks erkennen und entlarven

Um eine negative und/oder eskalierende Gesprächsentwicklung zu verhindern, können Sie verschiedene Maßnahmen ergreifen. Doch zunächst kommt es darauf an, dass Sie überhaupt erkennen, dass Ihr Gegenüber unfair spielt. Denn nicht alle unfairen Mittel sind offensichtlich, es gibt etliche rhetorische Tricks, die sehr raffiniert und subtil sind. Wenn Sie dann vertrauensselig in ein schwieriges Gespräch hineingehen oder nicht mit voller Aufmerksamkeit kommunizieren, kann es schnell passieren, dass Sie die Strategie Ihres Gegenübers erst bemerken, wenn das Gespräch bereits eine völlig falsche Richtung eingeschlagen hat. – Obwohl ich ein strikter Verfechter der fairen Gesprächsführung bin, lautet ein Ratschlag an Sie deshalb:

TIPP Machen Sie sich mit den Methoden und Mitteln der sogenannten schwarzen Rhetorik oder Kampfrhetorik vertraut. So können Sie unfaire Tricks frühzeitig erkennen und ihnen bei Bedarf entgegenwirken.

. . . .

Schwarze Rhetorik erkennen

Einige typische Vorgehensweisen aus der Rubrik „schwarze Rhetorik" sind zum Beispiel:

- Ihr Gesprächspartner unterbricht Sie immer wieder mit belanglosen oder abwegigen Bemerkungen und Fragen, um Ihre Argumentation und Ihren Gedankengang zu stören.
- Ihnen werden irreführende oder verzerrende Fragen gestellt, damit Sie beim Beantworten auf gar keinen Fall eine gute Figur machen.
- Der andere gibt sich ahnungslos und tut so, als könnte er Sie beim besten Willen nicht verstehen, sodass Sie alles mehrfach erklären müssen und Ihre Argumentationslinie nicht stringent verfolgen können, sondern redundant wirken.
- Ihre Aussagen werden (ohne triftigen Grund) in Zweifel gezogen, um Ihre Argumente zu schwächen und Sie in Ihrer Argumentation zu stören.
- Ihr Gegenüber lehnt grundsätzlich alle Ihre Vorschläge als unakzeptabel ab.
- Mit süffisanten Bemerkungen lässt Ihr Gesprächspartner immer wieder unterschwellige Beleidigungen gegen Sie fallen, um Sie zu verunsichern und Ihre Emotionen anzustacheln.
- Ganz offen werden Ihre Kompetenz und Ihre Glaubwürdigkeit infrage gestellt.
- Ihr Gesprächspartner versucht, seinen eigenen Status so zu überhöhen, dass Ihr Anliegen im Vergleich als völlig belanglos dasteht und seine Position zwingend überzeugen muss.
- Ihr Gegenüber bauscht Nebensächlichkeiten absichtlich auf, um von der Hauptsache abzulenken.
- Der Ton der Auseinandersetzung wird übermäßig verschärft, indem unterschwellige Bedeutungen oder Wertungen von bestimmten Begriffen gezielt eingesetzt werden, zum Beispiel:

„Putzkolonne" statt „Reinigungsteam", „Bauer" statt „Land-wirt", „Köter" statt „Hund", „Kumpanei" statt „Freundschaft" usw.

- Ihr Gesprächspartner behauptet, es ginge ihm um das große Ganze, damit er sich zu konkreten Details nicht äußern muss.

Diese Punkte sind nur eine kleine Auswahl. Eine tiefer gehende Beschäftigung mit diesem Themenkomplex lohnt sich daher auf jeden Fall. Sie werden staunen, was manche Menschen noch als akzeptable Gesprächsführung erachten. Es wird Ihnen die Augen öffnen und Ihnen helfen, so manchen Taschenspielertrick zu entlarven. Und schon dadurch, dass Sie wissen, wie der Hase lang läuft, und sich eben nicht täuschen lassen, wird die Wirkung ganz gleich welcher Tricks bereits erheblich abgeschwächt. Bleiben Sie in schwierigen Gesprächen also aufmerksam und achten Sie genau darauf, was Ihr Gesprächspartner womöglich im Schilde führt. Werden Sie insbesondere hellhörig, wenn er das Gespräch vom ursprünglichen Gesprächsthema wegführen will oder Sie persönlich angreift. Was zählt, ist jedoch:

Lassen Sie sich nicht auf das unfaire Spiel ein – selbst wenn Sie es gewinnen könnten!

TIPP

Statt selbst zu unfairen Mitteln zu greifen, signalisieren Sie Ihrem Gesprächspartner – zunächst diskret –, dass Sie ihn durchschaut haben und auf seine Tricks nicht hereinfallen werden. Lassen Sie sich nicht provozieren oder verunsichern. Bleiben Sie ruhig und freundlich, halten Sie sich an Ihre Argumentation und bleiben Sie bei der Sache. Wenn dezente Hinweise beim Gegenüber nicht ankommen, können Sie deutlicher werden und eine entlarvte Taktik konkret verbalisieren. Bieten Sie in diesem Zuge an, das Gespräch von nun an sachlich weiterzuführen, um doch noch eine Lösung zu finden.

In vielen Fällen reicht das Entlarven bereits aus, um die Taktik des anderen wirkungslos zu machen und ihn gleichzeitig in die Schranken zu weisen. Denn die meisten unfairen Strategien funktionieren nur so lange, wie sie unentdeckt bleiben. Ein deutlicher Wink mit dem Zaunpfahl bewegt viele Gesprächspartner dazu, es nicht weiter zu versuchen. Gleichzeitig geben Sie Ihrem Kontrahenten damit die Möglichkeit, seine Strategie zu ändern, ohne dabei sein Gesicht zu verlieren oder offen zugeben zu müssen, dass er es erst einmal auf die fiese Tour versuchen wollte. Das macht es für ihn häufig leichter, die von ihm eingeschlagene Richtung zu korrigieren.

Absolut kontraproduktiv sind hingegen Belehrungen von oben herab wie „Jetzt reicht es aber mal mit Ihren Spielchen!" oder „Ich verbitte mir Ihre ständigen Unterbrechungen!". Ansagen wie diese provozieren den Zurechtgewiesenen eher noch, als dass sie ihn zur Räson bringen. Sie greifen ihn persönlich an und sind anmaßend, was eine entsprechende Abwehrreaktion und in der Folge eine Eskalation provozieren würde. Das gilt im Übrigen auch für die etwas netter klingenden ironischen Varianten solcher Sätze („Oh, Sie greifen heute aber wieder tief in Ihre rhetorische Trickkiste, was?"). Trotz der humorigen Formulierung können solche Sätze sehr verletzend sein und zusätzlich provozieren. Und wenig souverän wirken sie obendrein.

Metakommunikation: Den Gesprächsverlauf selbst zum Thema machen

Wenn das Entlarven und die Signale an den Gesprächspartner nicht ausreichen, um ein Gespräch wieder auf die richtige Bahn zu bringen, können Sie zum Mittel der Metakommunikation greifen. Dabei unterbrechen die Beteiligten ihr Gespräch und verlassen das sachliche Gesprächsthema, um das Gespräch selbst beziehungsweise den Gesprächsverlauf zu thematisieren. Sie sprechen also darüber, wie sie miteinander reden und welche Regeln hierbei gelten sollen. Ein solches Vorgehen eignet sich für alle Gespräche, die aufgrund der Verhaltensweisen eines der Beteiligten einen unbefriedigenden Verlauf nehmen. Die Beteiligten schildern zunächst ihre Beobachtungen, die positiven und negativen Ereignisse des Gesprächs, störende und fördernde Aspekte. Sie schauen gemeinsam auf das Gespräch und analysieren, wie es bisher verlaufen ist. Im zweiten Schritt werden Vereinbarungen getroffen, die regeln, wie das Gespräch im Weiteren fortgeführt werden soll. Es wird zum Beispiel festgelegt, was es zu vermeiden gilt und was sich bewährt hat und deshalb weiterhin in das Gespräch einfließen soll.

Ziel der Metakommunikation ist es, den Kommunikationsprozess zu reflektieren, um Störungsquellen, Missverständnissen oder auch unangemessenem Verhalten auf die Spur zu kommen und um im weiteren Verlauf diese negativen Einflüsse zu mindern oder ganz auszuschließen.

So ein Gespräch auf der Metaebene muss keine langwierige, komplizierte Sache sein. Oft reicht bereits eine kurze und sachliche Verständigung der Gesprächspartner, um das Gespräch nachhaltig positiv zu beeinflussen und einen unfairen Gesprächspartner zum Umlenken zu bewegen.

Damit das gelingt, beachten Sie bei der Metakommunikation bitte folgende Regeln:

Regeln der Metakommunikation

- Achten Sie darauf, dass tatsächlich nur über den Gesprächsverlauf gesprochen wird und keine inhaltlichen Dispute fortgeführt werden.
- Inhaltliche Differenzen dürfen bei der Metakommunikation keine Rolle spielen.
- Es geht nicht um Schuldzuweisungen, sondern um eine sachliche Analyse und konkrete Verbesserungsvorschläge.
- Sprechen Sie nicht nur über das Negative, sondern auch über die Dinge, die im Gespräch gut funktioniert haben und förderlich waren.

- Wenn Sie das störende Verhalten Ihres Gegenübers ansprechen, formulieren Sie klar und unmissverständlich. Benutzen Sie dabei Ich-Botschaften und verzichten Sie unbedingt auf Belehrungen und persönliche Vorwürfe.
- Machen Sie stets deutlich, dass es Ihnen um das Gelingen des Gesprächs geht und nicht um einen persönlichen „Sieg".
- Bleiben Sie offen für die Aussagen Ihres Gegenübers und hinterfragen Sie auch Ihr eigenes Verhalten.

Beide Strategien – das Entlarven unfairer Mittel sowie die Metakommunikation – sind Ausdruck einer souveränen Kommunikation, die Ihre persönliche Souveränität unterstreicht. Sie helfen Ihnen dabei, trotz eines schwierigen Gesprächspartners eine faire und konstruktive Gesprächsführung zu realisieren und sich von unfairen Angriffen und Methoden nicht aus der Ruhe bringen zu lassen.

Auf rhetorische Provokationen souverän reagieren

Setzt ein Gesprächspartner unfaire Mittel ein, um Sie zu provozieren, ist sein Ziel meist, Sie zu manipulieren. Er will den Gesprächsverlauf (unbemerkt) in seinem Sinne beeinflussen und er will Sie zu Aussagen oder Verhaltensweisen verleiten, die Ihnen und Ihrer Argumentation schaden. – Abgesehen von dem persönlichen Nachteil, den Sie dadurch unter Umständen erleiden, ist der Schaden für das Gesprächsergebnis erheblich. Somit ist der Erfolg von manipulativen Strategien sehr zweifelhaft. Denn das Ergebnis eines manipulativ geführten Gesprächs ist kaum als tragfähig zu bezeichnen. Es hat keinen ergebnisoffenen Austausch von Argumenten gegeben und das Ergebnis beruht auf falschen Voraussetzungen. Im Gespräch hat keine gegenseitige Verständigung stattgefunden. In der Folge werden die ursprünglichen Differenzen früher oder später erneut aufflammen und die vermeintlichen Ergebnisse werden null und nichtig sein. Hinzu kommt, dass der manipulierte Gesprächspartner das Gesprächsergebnis nie völlig akzeptieren wird, denn er und seine Interessen wurden regelrecht ausgebootet. Aufgrund dieser mangelnden persönlichen Wertschätzung erleidet die Beziehung der Beteiligten großen Schaden, was zukünftige Gespräche oder gemeinsame Vorhaben stark beeinträchtigen kann.

Die richtige Reaktion auf rhetorische Provokationen besteht nicht darin, zu den gleichen Mitteln zu greifen und einen rhetorischen Schlagabtausch zu eröffnen.

Selbst wenn Sie die unfairen Mittel ebenso beherrschen wie Ihr Gegenüber und einen unfairen Kampf tatsächlich zugunsten Ihrer Argumente gewinnen könnten, hätten Sie damit letztlich nichts gewonnen. Denn die negativen Auswirkungen bleiben die gleichen, sogar dann, wenn Sie die besseren Argumente auf Ihrer Seite haben.

Im Hin und Her aus rhetorischen Angriffen und Paraden tritt der sachliche Gegenstand zwangsläufig in den Hintergrund. Souverän reagieren heißt in diesem Falle deshalb nicht, dass Sie Angriffe auf demselben Niveau parieren, sondern dass Sie rhetorische Provokationen konsequent unterbinden und sich von ihnen nicht aus der Ruhe bringen lassen. Wie bereits erläutert, ist dafür entscheidend, dass Sie unfaire Methoden sicher erkennen können, um sie schließlich zu entlarven und ihnen dadurch ihre Wirkungskraft zu entziehen.

Um besser zu verstehen, wie solche unfairen Tricks funktionieren und wie man ihnen souverän begegnen kann, werfen wir nun einen etwas genaueren Blick auf einige der häufigsten Phänomene dieser Art.

Sich von Killerphrasen und Totschlagargumenten nicht mundtot machen lassen

Wer selbst keine zugkräftigen Argumente zur Hand hat und eine sachliche Auseinandersetzung scheut, greift gern auf sogenannte Killerphrasen oder Totschlagargumente zurück. Beide haben das Ziel, das Gegenüber mundtot zu machen, und zwar nicht mit den besseren Argumenten, sondern mit bloßen Behauptungen, Vorurteilen und Scheinargumenten. Im Brustton der Überzeugung ausgesprochen sollen Killerphrasen und Totschlagargumente sämtlichen Widerspruch und alle Gegenargumente im Keim ersticken und die Auseinandersetzung zugunsten des Sprechenden beenden. Geben sich Totschlagargumente noch den Schein eines Arguments, setzen Killerphrasen allein auf ihre Vehemenz.

Typische Totschlagargumente sind zum Beispiel: „Das ist hier nicht der richtige Rahmen, um dieses Thema zu diskutieren", „Darum geht es jetzt doch gar nicht" oder „Das können Sie gar nicht beurteilen".

Typische Killerphrasen sind zum Beispiel: „Das ist doch Unsinn!", „Da könnte ja jeder kommen!" oder „Das lässt sich eben nicht ändern".

Überrumpelungstaktik entlarven Killerphrasen und Totschlagargumenten begegnet man in schwierigen Gesprächen und Auseinandersetzungen recht häufig. Da sie leicht zu erkennen sind und meist nicht sehr originell daherkommen, können Sie sich gut auf sie einstellen. Schon dadurch, dass Sie darauf gefasst sind, mit Killerphrasen oder Totschlagargumenten herausgefordert zu werden, verringern Sie deren Wirksamkeit, denn diese setzt zu großen Teilen auf eine Überrumpelungstaktik. Gelingt es Ihnen, sich nicht überrumpeln und nicht sprachlos machen zu lassen, können Sie auf verschiedene Arten souverän reagieren, wenn Ihnen Scheinargumente oder dreiste Behauptungen an den Kopf geworfen werden.

Sie können zum Beispiel eine gezielte Nachfrage stellen, die Ihr Gegenüber dazu auffordert, sein Scheinargument inhaltlich zu präzisieren. Das dürfte für den Angesprochenen bereits sehr schwierig werden und ihn in manchen Fällen direkt zum Rückzug bewegen. Sollte er seine Aussage dennoch präzisieren, erhalten Sie damit mit Sicherheit genug Ansatzpunkte für eine inhaltliche Gegenargumentation.

Eine andere mögliche Reaktion wäre es, gar nicht weiter auf die provozierende Äußerung des Gegenübers einzugehen, sondern stattdessen mit einem knappen Hinweis direkt auf die Sachebene zurückzukehren. Auf einen Angriff wie „Das ist doch Unsinn!" können Sie zum Beispiel antworten: „Das würde ich jetzt nicht unterschreiben. Gern fasse ich noch einmal kurz den letzten Punkt zusammen …"

Darüber hinaus können Sie auch hier die Metakommunikation nutzen, wenn es keinen anderen Weg gibt. Sie würden die unfaire Strategie Ihres Gesprächspartners entlarven und gleichzeitig die Möglichkeit schaffen, wieder zu einer konstruktiven Gesprächsführung zurückzukehren.

Keinen künstlich aufgebauten Zeitdruck zulassen

Künstlich Zeitdruck aufzubauen ist ein beliebtes Mittel, um Gesprächspartner in die Enge zu treiben, sie zu unbedachten Äußerungen oder Zugeständnissen zu drängen oder um kritische Punkte nur oberflächlich zu besprechen. So werden etwa besonders heikle Themen mit Sätzen wie „Darüber reden wir gleich noch, zuvor möchte ich gern den Punkt ..." aufgeschoben, um sie dann am Ende des Gesprächs mit knappem Zeitbudget möglichst schnell und oberflächlich über die Bühne zu bringen. Oder es werden kurz vor dem anvisierten Ende des Gesprächs noch einige neue Punkte aus dem Hut gezaubert, die nun in aller Eile entschieden werden müssen.

Wenn Ihr Gesprächspartner bestimmte Fragen auffallend häufig „später" oder „nachher" klären möchte, ist dies immer ein Grund, hellhörig zu werden. Zögern Sie in diesem Falle nicht, höflich und gleichzeitig bestimmt auf eine sofortige Klärung zu drängen. Bringen Sie außerdem bei Bedarf von sich aus diejenigen Fragestellungen frühzeitig zur Sprache, bei denen mit Kontroversen und größerem Gesprächsbedarf zu rechnen ist. Und planen Sie grundsätzlich angemessene Pufferzeiten ein, damit Sie die Gefahr, unter Zeitdruck zu geraten, minimieren. Sollte der zeitliche Spielraum trotzdem ausgereizt sein, lassen Sie sich nicht zu übereilten Entscheidungen oder Zusagen verleiten. – Bitten Sie stattdessen um einen weiteren Gesprächs- oder Telefontermin, damit alle Fragen in Ruhe geklärt werden können. Wird Ihnen dies verwehrt, können Sie wieder die Metakommunikation heranziehen, um die Gefahr für das Gesprächsergebnis zu erläutern und mit den Beteiligten eine Lösung zu finden.

Dauerredner bremsen

Zu einer fairen Gesprächsführung gehört es, sein Gegenüber ausreden zu lassen. Wenn Sie es mit einem Dauerredner zu tun bekommen, der niemanden zu Wort kommen lässt, sieht die Sache etwas anders aus. Denn gerade in schwierigen Gesprächen, bei denen es eine wichtige Sache zu klären gibt, sind Dauerredner eine große Belastung und gefährden den Gesprächserfolg. Sie erschweren den konstruktiven Austausch oder machen ihn sogar unmöglich. Und dabei spielt es keine Rolle, ob der Dauerredner mit seinem Verhalten eine unfaire Strategie verfolgt oder ob ihm das endlose Reden einfach im Blute liegt und er unabsichtlich kein Ende findet.

Als souveräner Gesprächspartner kommen Sie nicht umhin, einen Dauerredner zu bremsen. Folgendes können Sie dafür tun beziehungsweise unterlassen:

Tipps gegen
Dauerredner

- Achten Sie auf Ihre Körpersprache. Vermeiden Sie bewusst den Blickkontakt und zustimmende Gesten, damit Ihr Gegenüber sich nicht noch ermutigt fühlt, seinen Redefluss fortzusetzen.
- Vermeiden Sie zustimmende Bemerkungen oder Zusatz- und Anschlussfragen, um das Weiterreden nicht zusätzlich anzustacheln.
- Wenn Ihre dezenten Signale ignoriert werden, zögern Sie nicht, Ihren Gesprächspartner höflich, doch bestimmt zu unterbrechen. Sagen Sie zum Beispiel „Ich möchte an dieser Stelle bitte kurz einhaken …" und führen Sie das Gespräch dann wieder zum Kern der Sache.
- In Gruppengesprächen können Sie die Diskussion bewusst auf Teilnehmer lenken, die bislang wenig zu Wort gekommen sind. Geben Sie beispielsweise nach Ihrem eigenen

Redebeitrag das Wort explizit an eine bestimmte Person weiter: „Wie ist Ihre Meinung dazu, Frau Schuster?"

- Lassen Sie sich selbst nicht unterbrechen, wenn ein Vielredner wieder das Wort an sich reißen möchte. („Ich möchte meinen Gedanken bitte noch zu Ende führen ...")
- In geeigneten Fällen können Sie bereits vor einem Gespräch eine Agenda aufsetzen und alle Punkte fixieren, die besprochen werden sollen. Abschweifungen können Sie dann schnell ausbremsen.
- Bleiben Sie Ihrem guten Kommunikationsstil treu und lassen Sie sich nicht auf einen Wettkampf um den höchsten Redeanteil ein.

Absichtlich unklare Formulierungen aufklären

Es gibt verschiedene Gründe, warum manche Gesprächspartner absichtlich unklar und schwammig formulieren und so das gegenseitige Verstehen be- oder verhindern. Sehr häufig wird damit aus taktischen Gründen versucht, bestimmte Informationen zurückzuhalten oder sich nicht auf konkrete Aussagen festlegen zu müssen. So möchte man sich zum Beispiel in Verhandlungen noch Spielräume oder Rückzugsmöglichkeiten offenlassen. Oder man will verschleiern, dass man gar nicht über die infrage stehenden Informationen verfügt. Manchmal handelt es sich dabei jedoch gar nicht um ein Taktieren, sondern eher um den Versuch, die Sache vorsichtig anzugehen. Entweder, um die eigenen Ansichten nur anzudeuten und so das Gegenüber nicht zu verletzen oder in Verlegenheit zu bringen, oder, um bei einem schwierigen Gesprächsthema nicht gleich mit der Tür ins Haus zu fallen, sondern sich langsam an den Kern der Sache heranzutasten. – Außerdem habe ich schon mehrfach Gesprächspartner erlebt, die meinten, sie könnten sich selbst als besonders schlau und gebildet inszenieren, wenn sie möglichst kompliziert und verschroben redeten. Hier ist die Wirkung auf die Gesprächspartner jedoch meist das Gegenteil vom Erhofften.

Besonders heikel wird es allerdings, wenn Ihr Gesprächspartner sich mit voller Absicht unklar ausdrückt, um Sie zu belügen und von falschen Annahmen zu überzeugen. Dies ist die stärkste mögliche Provokation, weil sie sowohl die inhaltliche Verständigung torpediert als auch die Beziehungsebene der Beteiligten beschädigt.

TIPP

Welche Gründe für eine unklare Ausdruckweise tatsächlich vorliegen, ist nicht leicht zu durchschauen. Agieren Sie in solchen Fällen deshalb besonders aufmerksam und feinfühlig.

Unklares präzisieren

Schalten Sie keinesfalls sofort auf Angriff. Unterstellen Sie Ihrem Gegenüber nicht direkt böse Absichten, sondern versuchen Sie, das Gespräch positiv zu beeinflussen. Lassen Sie jedoch unklare Formulierungen nicht einfach im Raume stehen. Signalisieren Sie klar und deutlich, dass Sie Verständnisprobleme haben und die schwammigen Formulierungen nicht akzeptieren. Stellen Sie zum Beispiel klärende Nachfragen oder paraphrasieren Sie das Gehörte und verbalisieren Sie das, was Sie „zwischen den Zeilen" verstanden haben. Versuchen Sie so, die getroffenen Aussagen zu präzisieren und zu konkretisieren.

Dabei stellt sich meist heraus, ob das unklare Formulieren vorsätzlich oder versehentlich geschehen ist. Hat der andere keine unlauteren Absichten, wird er sich an Ihren Klärungsversuchen konstruktiv beteiligen. Liegt der Fall anders, wird er Ihre Versuche unterwandern und seine Vernebelungstaktik fortführen. Wenn dadurch dann der Gesprächserfolg und die Verständigung ernsthaft in Gefahr geraten, ist es sinnvoll, in die Metakommunikation zu wechseln, um den Verlauf des Gesprächs zu thematisieren und darüber zu sprechen, dass das Ziel der Verständigung in Gefahr ist.

Lügen konsequent aufdecken

Eine plumpe, zuweilen jedoch sehr wirkungsvolle Art der Provokation ist das ungenierte Lügen. Einer Lüge kommen Sie jedoch nur eindeutig auf die Spur, wenn Sie die Sachlage selbst genau kennen oder wenn sich eindeutig Widersprüche in den Aussagen Ihres Gegenübers zeigen. Ist das der Fall, gibt es nur eine vernünftige Strategie: Sprechen Sie die Widersprüche und falschen Aussagen unmissverständlich an und führen Sie nachweisliche Fakten an, um die unwahre Aussage zu entlarven. Beharrt Ihr Gegenüber trotzdem auf seiner Lüge, bleibt Ihnen nur, das Gespräch zu beenden.

Noch schwieriger wird es jedoch, wenn Sie nur vermuten können, dass Ihr Gegenüber die Unwahrheit sagt, es jedoch nicht sicher wissen. Haken Sie in einem solchen Fall sofort nach, fragen Sie nach Hintergründen und Informationsquellen, machen Sie sich in besonders heiklen Fällen Notizen und sagen Sie Ihrem Gesprächspartner, dass Sie seine Behauptungen direkt nach dem Gespräch überprüfen werden. Im besten Falle klärt sich dadurch auf, dass Sie sich irrten, und die Aussagen entpuppen sich als die Wahrheit. Stellen sich die Aussagen als falsch heraus, kann Ihr Gesprächspartner immer noch einlenken und seine Behauptung zurücknehmen oder relativieren. Das Gespräch ließe sich dann zumindest fortsetzen. Wenn Ihr Gesprächspartner jedoch eine Aufklärung ablehnt und an seiner Lüge festhält, sollten Sie das Gespräch beenden.

Sich von unangenehmen Fragen nicht in die Enge treiben lassen

Gesprächspartner, die Sie mit unangenehmen Fragen konfrontieren, wollen Sie in der Regel aus der Fassung bringen und in die Defensive drängen. Zusätzlich erhoffen sie sich, dass Sie bei der Abwehr von diesen Fragen eine schlechte Figur machen und Ihre souveräne Wirkung darunter leidet. – Mit einigen rhetorischen Kniffen könnten Sie unangenehmen Fragen theoretisch ausweichen oder von ihnen ablenken. Doch das funktioniert nur begrenzt, denn ein versierter Gesprächspartner wird Ihre Strategie bemerken und bestimmt nicht locker lassen. Besser ist es, sich solchen Fragen zu stellen.

....

Konfrontiert mit unangenehmen Fragen gibt es letztlich zwei Optionen: erstens die Frage beantworten. Oder zweitens die Beantwortung mit einer triftigen Begründung ablehnen.

....

Führen Sie sich einmal vor Augen, was an unangenehmen Fragen überhaupt so unangenehm ist. Nicht selten sind nur unsere Eitelkeiten oder Unsicherheiten Grund dafür, dass wir eine bestimmte Frage nicht beantworten wollen. Wenn wir uns nun einmal ehrlich überlegen, welche Auswirkungen eine aufrichtige Antwort hätte, wird schnell klar, dass diese Auswirkungen in den allermeisten Fällen völlig harmlos wären. Was spricht also dagegen, eine Antwort auf die Frage zu geben? In den meisten Fällen spricht absolut gar nichts dagegen. Oft ist es sogar so, dass Sie mit einer wahrheitsgemäßen Antwort gleich mehrere positive Effekte erzielen können: Zum einen weckt Aufrichtigkeit immer Sympathie und Vertrauen bei anderen Menschen und unterstreicht Ihre Souveränität. Zum anderen erzielen Sie mit Sicherheit einen großen Überraschungseffekt bei dem Gesprächspartner, der Sie provozieren wollte, und nehmen seinem Angriff sofort den Wind aus den Segeln.

Ich sah vor einiger Zeit einmal eine Fernsehdokumentation über ein Hochwasserunglück in den Sechzigerjahren. In dieser Dokumentation wurden Ausschnitte aus damaligen Interviews gezeigt, in denen verantwortliche Politiker zur Rede gestellt wurden. Ein Politiker wurde von den Journalisten sehr hart attackiert und geriet immer mehr in Bedrängnis. Bis zu dem Punkt, an dem er auf eine aggressiv gestellte Frage einfach antwortete: „Ich weiß es nicht." – Es war zu sehen, wie plötzlich die Anspannung

Ehrliches Eingeständnis wirkt souverän

aus ihm wich. Und der eben noch so aggressive Journalist hielt inne, schaute verblüfft, wurde dann ruhig und bedankte sich nur noch leise für die ehrliche Antwort.

Ich war sehr fasziniert von dieser Szene. Mit so einem einfachen Satz, einem persönlichen Eingeständnis, hatte der Politiker, der eben noch unter Druck stand, seine Souveränität im Gespräch wiedererlangt und die Angriffe auf ihn verpufften innerhalb eines Augenblicks.

Dennoch gibt es selbstverständlich Fragen, die Sie aus guten Gründen nicht beantworten wollen oder können. Seien es persönliche Gründe, der Schutz Dritter, Loyalität oder eine ungeklärte Sachlage. Hier ist die beste Strategie, einfach klar und freundlich zu sagen, aus welchem Grund Sie keine Antwort geben möchten. So erhalten Sie sich Ihre Souveränität und geben nicht ungewollt etwas preis, müssen jedoch auch nicht herumdrucksen oder die Wahrheit verschleiern.

Wenn es nicht anders geht: das Gespräch abbrechen

Manchmal reichen alle Bemühungen nicht, um einen fairen und konstruktiven Gesprächsverlauf zu erzielen. Angesichts eines Gesprächspartners, der unermüdlich an unfairen Methoden und Tricks festhält, immer wieder zu provozieren versucht und keinerlei Interesse an einem guten Gesprächsergebnis zeigt, bleibt als letzter Ausweg nur der konsequente Gesprächsabbruch. Konsequent deshalb, weil es sinnlos ist, damit nur zu drohen. Ein Gesprächsabbruch ist nur wirksam, wenn er erfolgt. Das heißt: Selbst wenn Ihr Gesprächspartner nach einem Abbruch plötzlich ein Einsehen hat, das Gespräch fortführen will und Besserung gelobt, bleiben Sie konsequent bei Ihrer Entscheidung.

Ein Gesprächsabbruch erfordert absolute Konsequenz. Sobald das Wort im Raume steht, bleibt nur noch die sofortige Beendigung des Gesprächs.

Bleiben Sie auch bei einem Gesprächsabbruch freundlich und betont sachlich. Erklären Sie kurz, warum Sie das Gespräch beenden wollen, und machen Sie das Angebot, zu einem späteren Zeitpunkt das Gespräch neu aufzunehmen. Sie können zum Beispiel sagen: „Frau Schmidt, ich befürchte, wir kommen heute zu keinem Ergebnis. Ich kann und will Ihre persönlichen Angriffe nicht akzeptieren und werde unser Gespräch jetzt beenden. Wenn Sie Interesse haben, können wir uns in einigen Tagen noch einmal zusammensetzen und bis dahin unsere Positionen und Strategien überdenken. Auf Wiedersehen."

Gesprächs-
angebot für
die Zukunft
unterbreiten

Souverän in heiklen Gesprächen

Allen schwierigen oder heiklen Gesprächen ist gemeinsam, dass wir sie am liebsten vermeiden würden, obwohl wir wissen, wie wichtig es ist, sie zu führen. Sei es die überfällige Entschuldigung, die wir bereits einige Tage vor uns herschieben, oder ein anstehendes Kritikgespräch mit einem Mitarbeiter oder eine Bitte, die wir ausschlagen müssen. Gerade in solchen Fällen fehlt es uns häufig an der notwendigen Souveränität. Wir zögern, diese Gespräche anzugehen, weil viel auf dem Spiel steht (oder zumindest auf dem Spiel zu stehen scheint). Das Gesprächsergebnis kann teils erhebliche Folgen haben für die Sache selbst, doch oft noch mehr für die Beziehung der Beteiligten. Geht das Gespräch gut aus, könnten alle Unstimmigkeiten und Fragen geklärt sein. Verläuft das Gespräch hingegen ungünstig, könnte es die Sache sogar verschlimmern und der Beziehung zum Gesprächspartner schaden. Und diese Unsicherheit verleitet uns dazu, heiklen Gesprächen lieber aus dem Weg zu gehen.

Außerdem sind heikle Gespräche meist eine sehr emotionale Angelegenheit, sowohl unsere eigenen Emotionen betreffend als auch die des Gegenübers. Einerseits haben wir Sorge, beim Gesprächspartner negative Emotionen auszulösen. Andererseits setzen schwierige Gespräche uns selbst gehörig unter Druck und sie machen es uns schwer, einen kühlen Kopf zu behalten und souverän und gelassen zu reagieren.

 Bei vielen heiklen Gesprächen steht eine Menge auf dem Spiel. Doch die größten Schwierigkeiten entstehen vor allem dann, wenn diese Gespräche nicht geführt werden.

Etliche Beziehungsprobleme, Kränkungen, Missverständnisse, Verletzungen und Konflikte haben ihren Grund in nicht geführten oder misslungenen Gesprächen über heikle Themen. Deshalb ist es unverzichtbar, über wichtige, heikle oder emotional aufgeladene Themen offen zu sprechen.

Das entscheidende Gespräch

Ist der Entschluss gefasst, ein heikles Gespräch anzugehen, können Sie bereits im Vorfeld einiges tun, um die Bedingungen für das Gelingen des Gesprächs zu verbessern. Gelingt es Ihnen, die Rahmenbedingungen für das Gespräch optimal zu gestalten, machen Sie es sowohl sich selbst als auch Ihrem Gegenüber leichter, ein gutes Gespräch zu führen. Überlegen Sie sich zum Beispiel, welcher Rahmen für das Gespräch am günstigsten wäre. Fragen Sie sich dafür:

Gute Rahmen-
bedingungen für
heikle Gespräche
schaffen

- Welche Uhrzeit oder Gelegenheit würde Ihrem Gesprächspartner für dieses Gespräch am besten passen? Und was wäre für Sie am günstigsten?
- Wäre es angemessen, das Gespräch vorher anzukündigen, damit sich Ihr Gesprächspartner darauf vorbereiten kann?
- Sollte das Gespräch unter vier Augen stattfinden?

- An welchem Ort können Sie das Gespräch ungestört führen?
- Wie viel Zeit sollten Sie dafür einplanen?
- Wie können Sie eine angenehme Gesprächsatmosphäre schaffen?

Darüber hinaus spielt Ihre persönliche Einstellung zum bevorstehenden Gespräch und zum Gesprächspartner eine große Rolle. Wenn Sie von vornherein mit Widerwillen, Unbehagen, mit Vorwürfen oder gar ängstlich in ein Gespräch gehen, wird es mit Sicherheit weniger gut verlaufen, als wenn Sie dem Gespräch zuversichtlich, ruhig und mit Sympathie für Ihr Gegenüber entgegensehen. – Stellen Sie sich deshalb innerlich auf das Gespräch ein und versuchen Sie, eine positive Grundhaltung zu finden. Führen Sie sich bildlich vor Augen, was Sie bei einem positiven Gesprächsverlauf erreichen können. So schaffen Sie gute Voraussetzungen dafür, dass das Gespräch konstruktiv geführt wird und destruktives Verhalten gar nicht erst aufkommt.

Entscheidend ist zudem der Einstieg in das Gespräch. Es ist sicherlich nicht ratsam, mit der Tür ins Haus zu fallen und den anderen beherzt ins kalte Wasser zu schubsen. In heiklen Gesprächen ist es besser, etwas behutsamer einzusteigen, allerdings nicht zu verklausuliert oder übervorsichtig. Dann besteht nämlich die Gefahr, dass Ihr Gegenüber gar nicht versteht, worauf Sie hinauswollen. Formulieren Sie Ihr Anliegen stattdessen klar und unmissverständlich. Beachten Sie dabei:

- Verwenden Sie Ich-Botschaften, um Ihre Eindrücke und Empfindungen zu vermitteln, und fordern Sie den anderen ausdrücklich zum Widerspruch auf, wenn er anderer Meinung ist.
- Vermeiden Sie Du-Botschaften, die schnell als Angriff oder Vorwurf aufgefasst werden können.
- Insbesondere in heiklen Gesprächen ist es wichtig, dass Sie Ihrem Gegenüber mit Wertschätzung, Offenheit und echtem Interesse begegnen.

In ein heikles Gespräch einsteigen

- Zeigen Sie Bereitschaft, sich in die Perspektive Ihres Gesprächspartners hineinzuversetzen und ihn wirklich zu verstehen.
- Ermutigen Sie Ihren Gesprächspartner, seine Sicht der Dinge offen zu äußern.
- Verdeutlichen Sie, dass es darum geht, gemeinsam eine Lösung zu finden, und nicht darum, jemandem die Schuld zuzuweisen.
- Zeigen Sie Bereitschaft, Ihre Meinung zu ändern, falls sich neue Informationen ergeben oder die Hintergründe sich aufklären.

Im Folgenden gehe ich auf einige Gespräche, die in der beruflichen Praxis oder im Privatleben immer wieder einmal notwendig werden, etwas detaillierter ein. Die Grundsätze für die Gesprächsführung sind dabei jeweils die gleichen, im Detail gibt es jedoch einige besondere Herausforderungen.

Kritikgespräche im Beruf

Ein Kritikgespräch im beruflichen Kontext hat eine klare Zielstellung: Mithilfe von konstruktiver Kritik sollen Mitarbeiter dabei unterstützt werden, eigene Fehler zu erkennen und daraus zu lernen sowie Mängel oder Verhaltensweisen zu korrigieren, die die Qualität ihrer Arbeit oder das Miteinander der Kollegen beeinträchtigen.

Kritik anzunehmen fällt schwer

In der Regel führt ein Vorgesetzter oder Teamleiter das Kritikgespräch mit einem Mitarbeiter. In dieser Konstellation ist es gar nicht so einfach, die Kritik so zu formulieren, dass der Kritisierte sie wirklich als Unterstützungsangebot auffasst, mit dem er in seiner Entwicklung gefördert werden soll. Die Gefahr ist groß, dass er sich stattdessen von oben herab gemaßregelt fühlt und verletzt ist. Das liegt zum einen daran, dass manche Kritik unbedacht formuliert wird und dann eher eine negative Wirkung erzielt. Zum anderen neigen wir in der Rolle des Kritisierten dazu, das Gesagte vorschnell als Angriff oder Vorwurf zu verstehen. Wir sind dann gekränkt und fühlen uns nicht wertgeschätzt. Außerdem trifft berechtigte Kritik einen wunden Punkt, dessen wir uns selbst meist durchaus bewusst sind und der vielleicht bereits im Vorfeld für Unsicherheiten gesorgt hat. Diese Unsicherheiten werden im Zuge der Kritik dann weiter verstärkt. Deshalb ist ein Kritikgespräch für beide Seiten eine Herausforderung. Die eine Seite hat die Aufgabe, konstruktiv und fair Kritik zu üben. Die andere Seite hat die Aufgabe, ihre gekränkte Eitelkeit außen vor zu lassen und die Kritik als konstruktiv anzunehmen.

In einem Kritikgespräch geht es um die Sache, die zukünftig besser gestaltet werden soll, und nicht darum, dass eine Person kritisiert werden soll.

Die Verantwortung für das Gelingen eines Kritikgesprächs liegt in den Händen aller Beteiligten. Wenn Sie sich selbst in der Rolle des Kritisierten befinden, ist also ebenfalls Souveränität gefragt. Achten Sie bitte darauf, sich nicht ungewollt in eine Trotz- oder Abwehrhaltung zu manövrieren. Das kann leicht passieren, wenn wir gekränkt sind oder die Kritik präzise auf den besagten wunden Punkt zielt. Dann trifft sie uns unter Umständen emotional so heftig, dass es schwierig wird, die Emotionen unter Kontrolle zu behalten und eben nicht reflexartig „einzuschnappen" wie ein kleines Kind. Versuchen Sie zudem, die sachliche Kritik nicht als negatives Urteil über Ihre Person misszuverstehen, sondern die Chance zu sehen, die in der Kritik enthalten ist.

Wenn Sie sich in der Rolle desjenigen befinden, der Kritik übt, achten Sie bitte auf Folgendes:

- Wenn es notwendig ist, ein Kritikgespräch zu führen, dann tun Sie es! Und warten Sie damit nicht so lange, bis eine positive Änderung gar nicht mehr möglich ist.
- Bereiten Sie sich inhaltlich und mental gut auf das Gespräch vor und sorgen Sie für angenehme Rahmenbedingungen.

Konstruktiv
Kritik üben

- Führen Sie Kritikgespräche immer persönlich und unter vier Augen.
- Versuchen Sie, sich in die Situation des Kritisierten hineinzuversetzen, um die Gründe für die Fehler besser zu verstehen und Folgen der Kritik besser einschätzen zu können.
- Geben Sie dem Kritisierten die Möglichkeit, seine Sicht der Dinge zu erläutern. Bleiben Sie offen dafür, Ihre Meinung zu ändern, falls sich im Gespräch eine neue Sachlage zeigt.
- Stellen Sie Ihre eigenen Vermutungen oder Interpretationen nicht als Tatsachen dar. Fragen Sie nach, wenn Sie keine gesicherten Informationen haben.
- Kritisieren Sie eine konkrete Sache oder ein konkretes Verhalten, nicht den Menschen!
- Formulieren Sie Ihre Kritik so präzise und klar wie möglich, damit Ihr Gesprächspartner verstehen kann, was genau Sie kritisieren.
- Überrumpeln Sie den Kritisierten nicht mit fertigen Lösungsvorschlägen. Suchen Sie gemeinsam nach Lösungen und treffen Sie gemeinsam Entscheidungen für die Zukunft.

Ein gutes Kritikgespräch ist für beide Seiten eine große Erleichterung und ermöglicht es, Schwierigkeiten und Probleme zukünftig gemeinsam zu lösen. Wenn Sie dieses Ziel stets vor Augen haben, wird es Ihnen sowohl in der Rolle des Kritisierten als auch in der des Kritisierenden gelingen, souverän zu agieren und ein gutes Gespräch zu führen.

Eine schlechte Nachricht überbringen

Niemand möchte einem anderen Menschen schlechte Nachrichten überbringen, sei es eine persönliche Zurückweisung, eine Absage, die Nachricht von einem Unglück, eine Kündigung oder das Beenden einer Beziehung. Wir befürchten, mit dieser Nachricht den anderen zu verletzen, ihm zu nahe zu treten oder ihn vor den Kopf zu stoßen. Trotzdem kommen wir nicht umhin, uns dieser schwierigen Aufgabe zu stellen.

Zu einer souveränen Persönlichkeit gehört es auch, das, was gesagt werden muss, auszusprechen.

Nicht selten sind die Empfänger der schlechten Nachricht sogar erleichtert, dass endlich jemand die Sache ausgesprochen hat. Denn häufig gehen einer schlechten Nachricht Ungewissheit oder unterschwellige Konflikte voraus.

Als Überbringer einer schlechten Nachricht sollten Sie zwar feinfühlig vorgehen, doch es hilft weder Ihnen noch Ihrem Gegenüber, wenn Sie herumdrucksen und die schlechte Botschaft hinauszögern oder verklausulieren. Sprechen Sie deshalb klar und unmissverständlich, fassen Sie sich möglichst kurz und bringen Sie die Sache zügig auf den Punkt. Erst nachdem die entscheidende Information ausgesprochen ist, ist Zeit, um Ihr Bedauern und Mitgefühl auszudrücken, Unterstützung anzubieten oder Erklärungen zu geben. Seien Sie in diesem Moment besonders nachsichtig und verständnisvoll, falls Ihr Gegenüber sehr emotional reagiert. Bleiben Sie selbst möglichst ruhig und gefasst. Akzeptieren Sie die Reaktionen Ihres Gegenübers und wischen Sie sie nicht einfach vom Tisch mit „Na na, so schlimm wird es schon nicht werden". – Das ist keine angemessene Aussage und hat noch niemals jemandem Trost gespendet. Versetzen Sie sich in die Lage Ihres Gegenübers, um Verständnis und Wertschätzung zu zeigen.

Feinfühlig, aber klar agieren

Wenn die schlechte Nachricht Ergebnis Ihrer eigenen Entscheidung ist (zum Beispiel die Kündigung eines Mitarbeiters), begründen Sie Ihre Entscheidung, ohne dabei zu ausführlich zu werden oder abzuschweifen. Mit langwierigen Ausführungen würden Sie es Ihrem Gegenüber nur noch schwerer machen, als es ohnehin schon ist.

Überlegen Sie sich, was es Ihnen selbst leichter machen würde, schlechte Botschaften zu empfangen. Übertragen Sie diese Überlegungen auf den Fall, dass Sie eine schlechte Nachricht überbringen müssen.

Ein Geständnis ablegen

Zur Eigenart des Geständnisses gehört es, dass wir etwas gestehen, das bisher unentdeckt geblieben ist und vielleicht sogar in Zukunft unentdeckt bleiben würde. Die Verführung, das Ganze lieber weiterhin unerwähnt zu lassen und möglichen Schwierigkeiten oder Unannehmlichkeiten aus dem Weg zu gehen, ist also groß. Entschließen wir uns trotzdem zu einem Geständnis, ist dies ein Ausdruck von Integrität und Souveränität.

Ein Geständnis soll dem anderen helfen
Es gibt allerdings Ausnahmefälle, auf die das nicht zutrifft. Und zwar dann, wenn jemand nur deshalb ein Geständnis ablegen will, um sein eigenes Gewissen zu erleichtern, ohne dass an einer misslichen Situation überhaupt noch etwas geändert werden kann. Würde das Geständnis dann für den ohnehin Geschädigten nur noch mehr (emotionalen) Schaden bedeuten, ist es vielleicht tatsächlich ratsam, die Angelegenheit lieber für sich zu behalten und sich mit dem eigenen schlechten Gewissen allein auseinanderzusetzen.

Doch wie gesagt halte ich das für einen seltenen Ausnahmefall. Im Regelfall ist es besser, über persönliche Fehltritte offen zu sprechen, um die vertrauensvolle Beziehung zum Gegenüber nicht zu gefährden und etwaige negative Folgen des Fehlers rechtzeitig zu beheben. Entscheidend ist dann nicht das Ob, sondern vor allem das Wie. – Wie kann ich ein Geständnis aussprechen, ohne den Betreffenden sehr zu verletzen und die Beziehung zu ihm aufs Spiel zu setzen?

Dafür möchte ich Ihnen Folgendes raten:

- Zögern Sie nicht zu lange, sondern legen Sie das Geständnis möglichst frühzeitig ab und nicht erst dann, wenn Sie unter dem Druck einer möglichen Entdeckung stehen.
- Legen Sie das Geständnis von sich aus ab und warten Sie nicht, bis Sie darauf angesprochen werden.
- Ergreifen Sie die Initiative, solange es noch möglich ist, die Sache wieder in Ordnung zu bringen.
- Erklären Sie offen und ehrlich, was geschehen ist und warum Sie sich erst jetzt offenbaren.
- Übernehmen Sie die Verantwortung für das, was passiert ist, und stehen Sie zu Ihrem Fehler und den Konsequenzen.
- Sprechen Sie eine aufrichtige Entschuldigung für das Geschehene aus und dafür, dass Sie erst jetzt mit der Sprache herausrücken.
- Tun Sie alles Notwendige, um (Folge-)Schäden zu beheben oder zu minimieren.
- Bieten Sie Unterstützung an und fragen Sie, was Sie außerdem tun können, um zu helfen.

Mit diesem aufrichtigen und lösungsorientierten Vorgehen stehen die Chancen gut, dass Sie auf Verständnis stoßen und dass die Beziehung keinen nachhaltigen Schaden erleiden wird.

Nein sagen, wenn es erforderlich ist

Sie wissen vermutlich selbst, wie schwierig es sein kann, eine Bitte auszuschlagen und klar und deutlich Nein zu sagen. Das geht den meisten Menschen so. Wir befürchten, das Gegenüber zu enttäuschen oder unsere Sympathiepunkte zu verspielen. Außerdem möchten wir gern als großzügig und hilfsbereit wahrgenommen werden, wofür wir jedoch Ja sagen müssten. Im beruflichen Kontext besteht zudem die Befürchtung, dass wir unkollegial oder arbeitsunwillig erscheinen, wenn wir die Bitte eines Kollegen oder sogar die eines Vorgesetzten ablehnen. Und manchmal erwarten wir bei einem Nein lästige Nachfragen oder unangenehme Diskussionen, sodass wir nur Ja sagen, um beides zu vermeiden.

Nein sagen zu können, ist jedoch manchmal notwendig. Haben Sie damit Schwierigkeiten, besteht die Gefahr, dass Sie sich mit der Zeit übernehmen oder sich von anderen ausgenutzt fühlen. Im schlechtesten Fall ordnen Sie Ihre eigenen Bedürfnisse immer mehr Ihrer Hilfsbereitschaft unter, was auf Dauer unzufrieden macht. Das alles wiederum kann dazu führen, dass Sie die übernommenen Aufgaben nur widerwillig oder sehr oberflächlich erledigen, was weder Ihnen noch der Sache zugutekommt und obendrein die Beziehung zwischen Ihnen und demjenigen, der um den Gefallen gebeten hatte, belastet. Es kommt daher darauf an, dass Sie sich selbst im Blick behalten und auch in Ihrem eigenen Sinne souverän entscheiden und sich bei Bedarf ein Nein erlauben. Stehen Sie in diesen Fällen zu Ihrem Nein. Versuchen Sie nicht, sich mit Ausflüchten herauszureden oder mit vagen Antworten sowohl ein Ja als auch ein Nein zu umgehen.

Ein erster Schritt zum Nein ist es, nicht automatisch und bloß aus Höflichkeit Ja zu sagen, wenn eine Bitte an Sie herangetragen wird.

Halten Sie ganz bewusst inne, wenn jemand mit einem Anliegen zu Ihnen kommt, und überlegen Sie erst, bevor Sie Ja oder Nein sagen. Und dann sagen Sie nur zu den Dingen Ja, die Sie tatsächlich übernehmen können und übernehmen wollen. (Bei eher unwichtigen Anliegen dürfen Sie ruhig Nein sagen, wenn es Ihnen – salopp gesprochen – gerade nicht in den Kram passt. Ihre eigenen Bedürfnisse sind nämlich genauso bedeutend wie die anderer Menschen.)

Ein Nein unmissverständlich formulieren Wenn Sie ein wichtiges Anliegen ablehnen müssen, weil Sie tatsächlich nicht helfen können, zeigen Sei trotz Ihrer Absage Verständnis für die Bitte. Formulieren Sie jedoch Ihr Nein immer direkt und unmissverständlich. Und begründen Sie es wahrheitsgemäß, so werden Sie Verständnis für Ihre Absage bekommen. Falls es möglich und hilfreich ist, können Sie eine eingeschränkte Zusage geben, also eine Teilaufgabe übernehmen oder für einen beschränkten Zeitraum zur Verfügung stehen.

Das bedeutet nicht, grundsätzlich jedes Anliegen auszuschlagen, nur damit Sie als souveräne und konsequente Person wahrgenommen werden. Vielmehr geht es darum, dass Sie bei aller Hilfsbereitschaft Ihre eigenen Bedürfnisse nicht aus dem Blick verlieren und Nein sagen können, wenn es wirklich darauf ankommt.

TIPP

Ich empfehle an dieser Stelle eine Gegenprobe: Achten Sie einmal darauf, wie Sie selbst reagieren, wenn Sie auf eine Bitte ein Nein als Antwort erhalten. Können Sie das Nein akzeptieren, ohne enttäuscht zu sein und ohne zu versuchen, den anderen doch noch zu einem Ja zu überreden?

ZUSAMMENFASSUNG

- In heiklen Gesprächen und im Umgang mit schwierigen Gesprächspartnern werden unsere Souveränität und unsere Konsequenz auf den Prüfstand gestellt.
- Insbesondere in schwierigen Gesprächen ist es wichtig, einen partnerschaftlichen und konstruktiven Kommunikationsstil beizubehalten und eine unfaire, destruktive und auf Provokation ausgelegte Gesprächsführung nicht zu akzeptieren.
- Wenn in einem Gespräch unfaire und destruktive Methoden eingesetzt werden, geht es nicht mehr um die Sache oder um eine Lösung. Es geht nur noch um persönliche

Befindlichkeiten und Differenzen. Unter diesen Bedingungen verschärfen sich Gespräche und eine Verständigung oder Einigung rückt in weite Ferne.

■ Unfaire Gesprächstaktiken verlieren ihre Wirkung, wenn sie entlarvt werden. Gleichzeitig weisen Sie Ihr Gegenüber mit der Aufdeckung seiner Methoden in die Schranken.

■ Die Metakommunikation ist ein wertvolles Hilfsmittel, um Gespräche wieder auf die richtige Bahn zu lenken. Das Gespräch wird dafür unterbrochen und die Beteiligten thematisieren den Gesprächsverlauf. Sie sprechen darüber, wie sie miteinander reden und welche Regeln hierbei gelten sollen.

■ Setzt ein Gesprächspartner unfaire Mittel ein, will er Sie provozieren und manipulieren. Er will den Gesprächsverlauf (unbemerkt) in seinem Sinne beeinflussen und Sie zu Aussagen oder Verhaltensweisen verleiten, die Ihnen und Ihrer Argumentation schaden.

■ Die richtige Reaktion auf rhetorische Provokationen besteht niemals darin, zu den gleichen Mitteln zu greifen und einen rhetorischen Schlagabtausch zu eröffnen.

■ Auf Provokationen souverän zu reagieren heißt: rhetorische Provokationen konsequent unterbinden und sich von ihnen nicht aus der Ruhe bringen lassen.

■ Wenn ein Gesprächspartner hartnäckig an unfairen Methoden festhält und keinerlei Interesse an einem guten Gesprächsergebnis zeigt, dann ist der letzte Ausweg der Gesprächsabbruch.

■ Bei den meisten schwierigen Gesprächen steht viel auf dem Spiel. Doch die größten Schwierigkeiten entstehen vor allem dann, wenn diese Gespräche *nicht* geführt werden.

■ Über wichtige, heikle oder emotional aufgeladene Themen offen sprechen zu können, ist unverzichtbar und gleichzeitig Ausdruck von ausgeprägter persönlicher Souveränität.

Das gewisse Extra für die persönliche Wirkung

9

Bestimmt kennen Sie das aus eigener Erfahrung: Sie sitzen in fröhlicher Runde mit Freunden und Bekannten zusammen oder bei einem großen Meeting mit Kollegen – und schon nach kurzer Zeit wird das Geschehen von ein oder zwei Personen dominiert. Souverän, selbstbewusst und unterhaltsam bringen diese Personen sich und ihre Ansichten immer wieder ins Gespräch ein, ziehen die Aufmerksamkeit auf sich und sind sehr präsent. Andere Personen bleiben währenddessen unscheinbar im Hintergrund, ergreifen kaum das Wort und werden von den anderen nur wenig beachtet. Und das, obwohl sie auf das Meeting ebenso gut oder sogar besser vorbereitet sind, obwohl sie sehr gute Ideen und überzeugende Argumente im Kopf haben, obwohl sie über einen feinen Humor verfügen, obwohl sie zu den Leistungsträgern in der Firma gehören, obwohl sie bei Freunden, Bekannten, Kollegen und Partnern sehr beliebt sind.

Warum kommen diese Personen trotzdem nicht zum Zuge und verblassen förmlich neben denjenigen, die scheinbar mit Leichtigkeit andere in ihren Bann ziehen? Die Antwort ist: Es fehlt ihnen das sogenannte gewisse Extra – Ausstrahlung und Charisma. Denn in der Praxis kommt es nicht nur auf den Inhalt an, sondern auch auf die Verpackung. Das heißt: Wenn jemand etwas zu bieten hat, müssen die anderen dies auch bemerken und davon überzeugt werden. Und überzeugen lassen sich Menschen am liebsten von Menschen mit Ausstrahlungskraft, Charisma und Glaubwürdigkeit.

Die Bedeutung der persönlichen Ausstrahlung

In dem kleinen eben genannten Beispiel wird bereits sehr deutlich, warum es für Sie wichtig ist, an Ihrer persönlichen Ausstrahlung zu arbeiten. Ohne eine überzeugende persönliche Wirkung haben Sie es viel schwerer, andere von sich und Ihren Ideen zu überzeugen.

Eine positive Ausstrahlung macht es leichter, a) von anderen Menschen wahrgenommen und gehört zu werden, b) andere von den eigenen Ideen und Vorhaben zu überzeugen und c) als Person zu überzeugen.

Doch was ist mit den Begriffen Ausstrahlung oder Charisma überhaupt konkret gemeint? Und was nicht?

Ausstrahlung und Charisma

Persönliche Ausstrahlung und Charisma sind nicht zu verwechseln mit Überheblichkeit und Angeberei oder mit einem gekünstelten Verhalten inklusive antrainierten Gesten und flotten Sprüchen. Auch ein besonders extrovertiertes Auftreten hat nichts damit zu tun. Gemeint ist vielmehr die authentische Eigenschaft eines Menschen, die sich aus sozialer Kompetenz, einer ausgeprägten Kommunikationsfähigkeit und einer positiven Einstellung zu sich selbst zusammensetzt.

Menschen mit Charisma haben eine so positive Wirkung auf ihre Umgebung, weil sie offen, interessiert und mit Einfühlungsvermögen auf andere Menschen zugehen. Sie pflegen stets einen respektvollen, partnerschaftlichen und wertschätzenden Umgang mit ihren Mitmenschen und betrachten andere Menschen und Sichtweisen als Bereicherung. Diese offene Einstellung zum Gegenüber weckt Sympathie und Vertrauen und macht es charismatischen Menschen leichter, anderen Menschen näher zu kommen und in Gemeinschaften willkommen zu sein.

Die positive und offene Einstellung zum Gegenüber zeigt sich auch in der Kommunikation. Menschen, für die das gegenseitige Verstehen und eine faire Gesprächsführung grundlegende Zielstellungen in Gesprächen sind, die sich selbst klar und verständlich ausdrücken, aufmerksam zuhören und unvoreingenommen nach Lösungen suchen, haben eine starke positive Wirkung auf die anderen Gesprächsteilnehmer. Gepaart mit bewusst eingesetzten rhetorischen Mitteln, etwas Humor und Schlagfertigkeit glänzen sie beim privaten Smalltalk auf einer Party ebenso wie bei einer knallharten Diskussion in einem Meeting.

Charismatiker kommunizieren offen und positiv

Grundlage für all das ist eine positive Einstellung zu sich selbst. Wer sich selbst gut kennt und im Einklang mit den eigenen Überzeugungen lebt, entwickelt ein starkes Selbstwertgefühl und eine ausgeprägte Souveränität. Daraus können Leidenschaft und Zuversicht erwachsen, die es leichter machen, Herausforderungen anzunehmen, die eigenen Ziele nicht aus dem Blick zu verlieren, für die eigene Sache konsequent einzustehen – und im richtigen Moment auf sich aufmerksam zu machen.

Von anderen Menschen wahrgenommen und gehört werden

Sowohl im Privaten als auch im Berufsleben kommen wir nicht umhin, auf uns aufmerksam zu machen, wenn wir unsere Ziele erreichen wollen. Denn wir brauchen dafür die Unterstützung, den Zuspruch oder die Förderung anderer Menschen. Wer nur still in seinem Kämmerlein sitzt und leise vor sich hin werkelt, wird selbst für die brillantesten Ideen keine Zustimmung ernten. Einfach deshalb, weil niemand etwas von diesen Ideen weiß. Und wer auf Partys immer am Rande stehen bleibt und sich von Gesprächen fernhält, wird keine neue Bekanntschaften machen, selbst wenn er oder sie ein überaus lieber, warmherziger, humorvoller, intelligenter und zuverlässiger Mensch ist. Denn die anderen wissen einfach gar nichts davon.

Entwicklung ist nur mit anderen möglich Unerlässlich ist, dass andere Menschen von uns Notiz nehmen, dass sie unsere Ideen hören und erfahren, was wir können und geschafft haben, wer wir sind, wofür wir stehen und was uns wichtig ist. Und dafür braucht es eine Portion Ausstrahlungskraft, denn ohne sie werden es die anderen sein, die in Gesprächen oder Meetings im Mittelpunkt stehen und alle Aufmerksamkeit auf sich ziehen. Unsere eigenen Anliegen, Ideen und Vorhaben finden dann keine oder zu wenig Beachtung, selbst wenn sie wertvoll und wichtig sind. Das wiederum bremst unsere eigene Entwicklung, sowohl private Veränderungen, die wir umsetzen wollen, als auch unsere Karriereambitionen.

Als Person und mit den eigenen Ideen und Vorhaben überzeugen

Aufmerksamkeit für die eigenen Ideen und Vorhaben zu erzielen, ist jedoch nur der erste Schritt. Als Nächstes kommt es darauf an, andere Menschen von diesen Ideen und Vorhaben zu überzeugen. Dabei gilt:

Inhalt und Person verstärken gegenseitig ihre Überzeugungskraft.

Voraussetzung dafür ist, dass sowohl Inhalt als auch Person mit Qualitäten glänzen können. Denn fehlt es den Inhalten an Substanz, wird selbst ein brillanter Redner kaum Begeisterungsstürme auslösen können. Und fehlt es einem Vortragenden an Ausstrahlung und rhetorischem Können, kann es leicht passieren, dass er ein hochspannendes Thema direkt in den Orkus der Langeweile und Bedeutungslosigkeit führt.

Doch wenn Inhalt und Mensch gleichermaßen überzeugen, dann stärken sie sich gegenseitig. Starke Argumente und gute Ideen gewinnen an Gewicht, wenn sie von einer charismatischen Persönlichkeit vertreten werden, die mit Leidenschaft und aus tiefster innerer Überzeugung für sie einsteht. Gleichzeitig wird die Überzeugungskraft einer Person noch gesteigert, wenn sie mit interessanten, schlüssigen und relevanten Inhalten aufwarten kann.

Das heißt: Mit einer guten Ausstrahlung können Sie auf der oben erwähnten Party dafür sorgen, dass andere Gäste Sie und Ihre persönlichen Vorzüge wahrnehmen und sich davon überzeugen lassen, dass Sie ein angenehmer Mensch und Gesprächspartner sind. Und in einem beruflichen Meeting hilft Ihnen Ihre Ausstrahlung dabei, mit Ihrem Wissen und Können zu glänzen, als wertvoller Mitarbeiter wahrgenommen zu werden und Ihre Ideen überzeugend zu präsentieren. – Es lohnt sich also in jedem Falle, dem eigenen Charisma auf die Sprünge zu helfen.

Das eigene Charisma wecken

Wenn Sie Ihr Charisma und Ihre Ausstrahlung zum Leben erwecken wollen, kommen Sie nicht umhin, dafür eine echte Persönlichkeitsentwicklung zu durchlaufen. Denn Charisma kann man zwar „lernen", doch nicht so, wie Sie eine Fremdsprache oder das Skifahren lernen. Der Prozess ist komplexer und betrifft Ihre gesamte Persönlichkeit, nicht nur ausgewählte Fähigkeiten und Kompetenzen. Denn letztlich läuft alles darauf hinaus, dass Sie ein Leben führen im Einklang mit sich selbst und dass Sie im Miteinander mit anderen Menschen authentisch agieren und kommunizieren. Wenn Ihnen das gelingt, steht einer charismatischen Ausstrahlung nichts mehr im Wege.

Eigenverantwortung übernehmen

Am Anfang dieses Entwicklungsprozesses steht jedoch erst einmal eine Entscheidung an, und zwar die bewusste und klare Entscheidung, das eigene Leben selbstverantwortlich zu führen und die Dinge selbst in die Hand zu nehmen. Einfach auf günstige Umstände zu warten oder darauf zu hoffen, dass irgendjemand anderes die Initiative übernehmen wird, gehört dann der Vergangenheit an. Der Entschluss und der Antrieb für die eigene Entwicklung müssen aus mir selbst heraus kommen und ob ich Erfolg habe oder nicht, liegt in meiner eigenen Verantwortung. Ich kann niemandem und keinen schlechten Bedingungen oder ausbleibenden Gelegenheiten die Schuld dafür geben, wenn meine Vorhaben scheitern.

Eine Folge dieser Entscheidung ist, dass Sie mit der Zeit eine positive Einstellung zu sich selbst entwickeln. Denn Ihr eigenes Selbst mit seinen Wertvorstellungen, Ideen, Zielen, Überzeugungen, Wünschen und Werten erhält große Bedeutung und Wertschätzung. Ihr Selbstwertgefühl steigt und Sie erkennen Ihr Selbst als Konstante, an der Sie sich bei Entscheidungen und Handlungen orientieren können.

Zu Beginn Ihres Entwicklungsprozesses empfehle ich eine aufrichtige persönliche Bestandsaufnahme. Damit können Sie erkunden und analysieren, an welchen Stellen Sie den größten Entwicklungsbedarf haben.

Fragen Sie sich dazu zum Beispiel:

Sich selbst erkunden

- Welche Dinge sind mir wichtig, wovon bin ich überzeugt, dass es richtig ist?
- Orientiere ich mich in meiner Lebensführung und bei meinen Entscheidungen an meinen Werten und Überzeugungen? In welchen Zusammenhängen gelingt mir das gut, in welchen nicht?
- Wie stark beeinflussen mich Aspekte außerhalb meines Selbst, wie zum Beispiel Erwartungen anderer, gesellschaftliche Normen und Gepflogenheiten usw.?
- Welche Herausforderungen konnte ich bisher noch nicht meistern und warum nicht?
- Welche Erfolge konnte ich bereits verzeichnen? Was hat zu meinem Erfolg geführt?
- Führe ich gute und zufriedenstellende Beziehungen zu anderen Menschen?
- Was macht mich zufrieden? Womit bin ich unzufrieden und warum?
- Lebe ich so, wie ich leben will? Was hält mich davon ab, es zu tun?

Die Ergebnisse und Schlussfolgerungen der Bestandsaufnahme liefern Ihnen die Ansatzpunkte für konkrete Veränderungsmaßnahmen. Sie leben nicht so, wie Sie es gern möchten? Verkaufen Sie Ihr Unternehmen! Ziehen Sie in Ihr Traumland! Suchen Sie sich eine Senioren-WG! Arbeiten Sie in Teilzeit! Übernehmen Sie ein Ehrenamt! Bilden Sie sich weiter! Lernen Sie Klavierspielen! Leben Sie Ihre Spiritualität aus! Sie scheitern wiederholt daran, überzeugende und mitreißende Vorträge zu halten? Ergründen Sie die Ursachen dafür! Werden Sie Experte auf Ihrem Gebiet! Lesen Sie Literatur, die Ihnen hilft, besser zu werden! Besuchen Sie Kurse und Trainings! Üben Sie! Bitten Sie andere um Hilfe! – Finden Sie Ihre ganz persönlichen Antworten auf die Herausforderungen, die Sie identifiziert haben.

Es gibt Ihnen extrem viel Energie, wenn es Ihnen gelingt, Ihre Wertvorstellungen und Wünsche im Alltag zu leben und selbstbestimmt und eigenverantwortlich zu agieren. Und aus dieser Energie wird Ihr Charisma gespeist, was mit der Zeit alle Lebensbereiche durchdringen wird: Sie werden Menschen offener begegnen, Entscheidungen souveräner treffen und zielstrebig umsetzen; Sie werden sich in Gemeinschaften positiv einbringen, Ihre Ziele klarer sehen und konsequent verfolgen, sich für Ihre Überzeugungen einsetzen, keine faulen Kompromisse mehr eingehen, mit Ihren Ansichten nicht mehr hinter dem Berg halten; Sie werden Konflikte aushalten und lösen, mit eigenen Fehlern und Irrtümern offen und verantwortungsvoll umgehen; und Sie werden frei und den Menschen zugewandt kommunizieren.

Wer überzeugt ist, kann überzeugen

All das werden Ihre Mitmenschen bemerken und sie werden von Ihrer charismatischen Ausstrahlung gefesselt sein. Ihre Mitmenschen spüren nämlich, dass Sie sich mit Ihrer ganzen Person für das einsetzen, was Sie vertreten oder tun, und dass Sie keine Schaumschlägerei betreiben, um auf billige Art und Weise zu beeindrucken. Die Menschen erkennen, dass die Ideen und Überzeugungen, von denen Sie sprechen, im Einklang mit Ihrem Selbst stehen und dass die Freude und der Elan, die Sie entwickeln, authentisch sind und echter Begeisterung entspringen. Ihre Mitmenschen erleben, dass Sie völlige Klarheit darüber haben, was Sie für wichtig und richtig ansehen, und dass Sie sich dafür stark machen. – Ihre souveräne Persönlichkeit wird für alle sichtbar und erlebbar.

Es ist klar, dass das alles nicht von heute auf morgen passiert. Eine solche Entwicklung braucht ihre Zeit. – Für den Übergang gibt es jedoch einige „Sofortmaßnahmen", die Sie ergreifen können, um Ihre Ausstrahlung zu verbessern und Ihre Mitmenschen zu begeistern:

Vertreten Sie nur Inhalte und Ideen, von denen Sie selbst wirklich überzeugt sind

Ihr Gegenüber hat meist ein feines Gespür dafür, ob Sie hinter dem stehen, was Sie sagen oder vortragen. Gehen Sie also sicher, dass die Fakten stimmen und dass Sie Vorschläge oder Entscheidungen, die Sie erläutern, tatsächlich für richtig und zielführend halten. Sie können nur für die Dinge Begeisterung wecken, von denen Sie selbst ehrlich begeistert sind. – Das heißt zum Beispiel: Treten Sie im Zweifelsfall von einem Vortrag oder einer Präsentation zurück, wenn Sie von der Sache nicht überzeugt sind. Oder klären Sie Ihre Vorbehalte und Unstimmigkeiten mit den zuständigen Personen, sodass Sie doch noch mit echter Überzeugung auftreten können.

Agieren Sie so, wie es zu Ihrer Persönlichkeit passt

Gerade bei öffentlichen Auftritten oder Reden, wo eine charismatische Wirkung besonders gefragt ist, lassen wir uns von den Rahmenbedingungen manchmal in eine Form zwängen, die nicht zu unserem Selbst passt. Das hat dann oft starken negativen Einfluss auf unsere Ausstrahlungskraft, da der unpassende Rahmen unser Selbst einengt. Ein Stehpult ist zum Beispiel nichts für jemanden, der beim Reden und Überzeugen Bewegungsfreiheit braucht. Und jemand, der mit moderner Präsentationstechnik auf Kriegsfuß steht, sollte eher keine aufwendige Multimedia-Präsentation halten, bloß weil andere das nun gerade erwarten. – Besser ist es, eine Form zu wählen, die Ihnen selbst liegt und in der Sie sich frei entfalten können. Schließlich kommt Ihre Persönlichkeit am besten zur Geltung, wenn Sie ihr freien Lauf lassen können und sie nicht hinter einer Form, die nicht zu Ihnen passt, verstecken müssen. Wenn Ihnen die Form liegt, brauchen Sie sich nicht zu verbiegen und können Ihre Stärken einbringen, anstatt über Ihre Schwächen zu straucheln. Ihr Auftritt und Sie selbst ergeben so ein stimmiges Gesamtbild, was das Publikum zweifellos positiv wahrnehmen wird.

Bleiben Sie sich selbst treu

Je nach Anlass gelten im sozialen Miteinander bestimmte Konventionen, deren Einhaltung erwartet wird. Doch diese Erwartungen dürfen Sie nicht so sehr dominieren, dass Sie sich selbst untreu werden. Das beginnt bei der Auswahl Ihrer Kleidung: Bleiben Sie sich treu, anstatt sich zu verkleiden und sich die ganze Zeit unwohl zu fühlen. Passen Sie Ihren individuellen Kleidungsstil so an, dass er dem Anlass gerecht wird und Ihre Persönlichkeit nicht verfälscht. Das Gleiche gilt für Ihre Sprache: Versuchen Sie nicht, die Wichtigkeit Ihrer Worte durch eine möglichst hochtrabende Ausdrucksweise zu unterstreichen, wenn Ihnen eine geradlinige Sprache mehr liegt. Und versuchen Sie lieber nicht, mit schlagfertigen, humorigen Repliken zu antworten, wenn Sie im Grunde ein ernsthafter und wenig schlagfertiger Mensch sind. Das geht häufig – Pardon! – in die Hose. Sprechen Sie so, wie es Ihnen entspricht, um authentisch zu bleiben und mit Ihren Inhalten und Ihrer Persönlichkeit zu überzeugen und nicht mit komplizierten Fremdwörtern oder mit pfiffigen Bemerkungen.

Zeigen Sie aufrichtiges Interesse für Ihr Gegenüber

Menschen freuen sich, wenn man sich für sie interessiert. Allerdings nur, wenn man sich tatsächlich interessiert. Wenn Sie Ihr Gegenüber zwar fragen, womit er oder sie sich gerade beruflich beschäftigt, bei der Antwort jedoch nicht richtig zuhören und mit den Gedanken abschweifen, wird Ihr Gegenüber das mit hoher Wahrscheinlichkeit bemerken und Sie sicherlich nicht als sympathische und überzeugende Persönlichkeit wahrnehmen. Wenn Sie hingegen mit echtem Interesse zuhören, auf Zwischentöne und Andeutungen achten, nachfragen und einen echten gegenseitigen Austausch erreichen, werden Sie überaus positiv auf Ihr Gegenüber wirken.

- Wenn wir andere Menschen von uns oder unseren Ideen überzeugen möchten, kommt es nicht nur auf den Inhalt an, sondern auch auf die Verpackung. Eine positive Ausstrahlung und Charisma machen es leichter, von anderen Menschen wahrgenommen zu werden, sie von den eigenen Ideen und Vorhaben sowie von der eigenen Person zu überzeugen.

- Charisma und die persönliche Ausstrahlung sind individuelle Eigenschaften, die sich aus sozialer Kompetenz, einer ausgeprägten Kommunikationsfähigkeit und einer positiven Einstellung zu sich selbst zusammensetzen.

- Sowohl im Privaten als auch im Berufsleben kommen wir nicht umhin, auf uns aufmerksam zu machen, wenn wir unsere Ziele erreichen wollen. Unerlässlich ist, dass andere Menschen von uns Notiz nehmen, dass sie unsere Ideen hören und erfahren, was wir können und geschafft haben, wer wir sind, wofür wir stehen und was uns wichtig ist.

- Inhalt und Person verstärken gegenseitig ihre Überzeugungskraft. Starke Argumente und gute Ideen gewinnen an Gewicht, wenn sie von einer charismatischen Persönlichkeit vertreten werden, die mit Leidenschaft und aus tiefster innerer Überzeugung für sie einsteht. Gleichzeitig wird die Überzeugungskraft einer Person noch gesteigert, wenn sie mit interessanten, schlüssigen und relevanten Inhalten aufwarten kann.

- Die Entfaltung des eigenen Charismas erfordert eine echte Persönlichkeitsentwicklung. Denn Charisma kann man zwar „lernen", doch der Prozess ist komplex und betrifft die gesamte Persönlichkeit, nicht nur ausgewählte Fähigkeiten und Kompetenzen. Denn letztlich läuft alles darauf hinaus, dass man ein Leben führt im Einklang mit sich selbst und im Miteinander mit anderen Menschen authentisch agiert und kommuniziert.

- Wem es gelingt, im Alltag die eigenen Wertvorstellungen und Wünsche zu leben sowie selbstbestimmt und eigenverantwortlich zu agieren, zieht daraus extrem viel Energie. Es ist diese Energie, die das Charisma und die persönliche Ausstrahlungskraft speist.
- Der charismatische Eindruck entsteht, wenn das Gegenüber spürt, dass Sie sich mit Ihrer ganzen Person für das einsetzen, was Sie vertreten oder tun, dass die Ideen und Überzeugungen, von denen Sie sprechen, im Einklang mit Ihrem Selbst stehen, dass die Freude und der Elan, die Sie entwickeln, authentisch sind und echter Begeisterung entspringen und dass Sie völlige Klarheit darüber haben, was Sie für wichtig und richtig ansehen, und dass Sie sich dafür stark machen.

So bitte nicht!

Im Verlaufe des Prozesses, in dem Sie an Ihrer persönlichen Souveränität und Ihrer souveränen Rhetorik arbeiten, wird Ihnen selbstverständlich nicht alles auf Anhieb gelingen. Dieser Prozess ist langwierig und erfordert Beharrlichkeit; und manche Veränderungen stellen sich nur nach und nach und in kleinen Schritten ein. – Als Unterstützung auf diesem Weg möchte ich Ihnen noch eine zusätzliche Perspektive ans Herz legen: Vermeiden Sie von Anfang an die gravierendsten Irrtümer und Fehler, dann haben Sie bereits eine Menge erreicht!

Was eine souveräne Gesprächsrhetorik ist – und was nicht

Warum ist es wichtig, dass Sie nicht nur wissen, was souveräne Gesprächsrhetorik ist, sondern auch, was eben nicht? Reicht nicht eine klar umrissene positive Definition? – Eine Definition ist das eine, doch ein tiefes Verständnis ist das andere. Denn erstens gibt es Verhaltensweisen in Gesprächen, die nur den Anschein von Souveränität erwecken (wollen) und die nicht immer sofort zu durchschauen sind. Einige davon möchte ich kurz erläutern, um Sie dafür zu sensibilisieren und Ihren Blick zu schärfen. Und zweitens hilft Ihnen das bewusste Abgrenzen von anderen Phänomenen dabei, Ihr Verständnis einer souveränen Gesprächsrhetorik zu vertiefen und diesen eher abstrakten Begriff insgesamt zu veranschaulichen.

Was ist *keine* souveräne Gesprächsrhetorik?

Dominanz und Ignoranz sind keine Souveränität An erster Stelle stehen hier für mich ein Auftreten und ein Verhalten, die geprägt sind von Arroganz, Überheblichkeit, Lautstärke, Provokation, Dominanzgehabe und Ignoranz. Ich vermute, Sie haben sofort eine Person vor Augen, auf die diese Beschreibung passt. Menschen, die in Gesprächen so auftreten, begegnen uns immer wieder und machen es sehr schwer oder sogar unmöglich, ein gutes Gespräch zu führen. Denn sie reißen das Gespräch an sich, lassen andere Gesprächspartner kaum zu Wort kommen und übertönen alle anderen.

Ja, diese Menschen wirken auf den ersten Blick stark und dominant. Doch sie sind alles andere als souverän. Denn meist haben sie inhaltlich, persönlich und rhetorisch nur wenig zu bieten, was sie durch lautes Poltern, durch Ignorieren von Einwänden und durch Einschüchtern der Gesprächspartner zu verbergen versuchen. Statt ein Gespräch zu führen und mit dem Gegenüber in einen Austausch zu treten, wollen sie nur ihren Standpunkt loswerden und als Gewinner aus dem Gespräch hervorgehen. Ihnen geht es nicht ums Zuhören, die Ansichten des Gegenübers sind ihnen zumeist ohnehin egal, sie haben ihre feste Meinung und dabei bleibt es. Zudem hinterfragen und reflektieren sie kaum, was sie tun und wie sie sich verhalten. Es ist ihnen gar nicht bewusst, wie schädlich ihr Auftreten für das Gesprächsergebnis ist.

Eine zweite Gruppe von „Rhetorikern" wiederum agiert sehr bewusst. Ich meine Menschen, die auf die Wirkung von unfairen rhetorischen Mitteln setzen, um ihre Ziele zu erreichen. Sie treten meist selbstsicher und zielstrebig auf und nutzen raffiniert und gekonnt die Instrumente der sogenannten schwarzen Rhetorik. Ihr Ziel ist es, ihre Gesprächspartner zu manipulieren, das Gespräch unbemerkt in die von ihnen gewünschte Richtung zu lenken und ihr Gegenüber zu Verhaltensweisen oder Aussagen zu verleiten, die ihm selbst oder seinen Gesprächszielen schaden.

Souveräne Rhetorik ist immer eine faire und zugewandte Rhetorik. Deshalb können Menschen, die in Gesprächen unfair und manipulativ agieren, nicht souverän sein.

Hinzu kommt, dass solche Personen eines aus dem Blick verlieren: Zwar erreichen sie unter Umständen mithilfe von Manipulationen und unfairen Mitteln ihr Gesprächsziel, doch nur zu einem hohen Preis: Die Beziehung zum Gesprächspartner ist belastet und ob das erzielte Ergebnis tatsächlich das bestmögliche ist, ist sehr fraglich. Denn ein unvoreingenommener und sachlicher Austausch von Argumenten hat nicht stattgefunden und die Ideen des Gegenübers wurden praktisch nicht berücksichtigt. Das Ergebnis ist also einseitig und voraussichtlich nur von kurzer Dauer; und viele Optionen sind wahrscheinlich überhaupt nicht zur Sprache gekommen. Damit hat sich der Manipulierende vielleicht selbst um wertvolle Chancen gebracht.

> Manipulation ist nur kurzfristig erfolgreich

Neben diesen Zeitgenossen, die Souveränität mit Macht und Arroganz verwechseln, gibt es selbstverständlich Menschen, denen es in Gesprächen schlicht an Souveränität fehlt. Nach diesen Menschen müssen wir bewusst Ausschau halten, denn sie bleiben meist unauffällig im Hintergrund. Das heißt nicht, dass nicht auch die „leisen" Menschen in Gesprächen Souveränität zeigen können. Im Gegenteil: Ich erlebe es immer wieder, dass Personen, die eher ruhig sind, trotzdem sehr souverän auftreten und sehr überzeugend kommunizieren. Doch diese Menschen meine ich hier nicht. Ich meine jene, denen es nicht gelingt, sich für ihre Anliegen vernehmbar einzusetzen und sich selbst und ihre Ideen aktiv in Gespräche einzubringen. Stattdessen hören sie zwar aufmerksam und interessiert zu, tragen jedoch nichts zum Gesprächsergebnis bei, weil sie keine neuen Perspektiven oder Fragen aufwerfen und sich nicht konsequent für ihre Ideen stark machen.

Souveränität ist eine Lebensaufgabe Das mag für Sie vielleicht etwas vorwurfsvoll und ungerecht klingen, zumal die Souveränität nun wirklich nicht jedem in die Wiege gelegt wurde. In gewisser Weise ist es jedoch tatsächlich so gemeint. Denn ich empfinde es bis zu einem bestimmten Grad als Aufgabe eines Menschen, an seiner Souveränität und Rhetorik zu arbeiten, um in Gesprächen seinen Anteil leisten zu können.

Was ist souveräne Gesprächsrhetorik?

Menschen, die in Gesprächen souverän agieren und kommunizieren …

- bringen ihre Persönlichkeit und ihre Ideen aktiv in Gespräche ein.
- kommunizieren bewusst und reflektieren ihr Verhalten in Gesprächen, ihr Auftreten und ihre Art und Weise zu kommunizieren.
- gehen unvoreingenommen in Gespräche, sind aufgeschlossen gegenüber ihrem Gesprächspartner und seinen Ansichten sowie gegenüber möglichen Lösungen und Gesprächsergebnissen.
- haben Klarheit über sich selbst und ihren Standpunkt, den sie vertreten.
- agieren verbindlich, verantwortungsvoll und glaubwürdig, indem sie das sagen, was sie meinen, und so handeln, wie sie es sagen.
- setzen ausschließlich faire rhetorische Mittel ein und sind in der Lage, unfaire Attacken zu parieren.
- stellen sich auf ihr Gegenüber ein und nutzen ihr Einfühlungsvermögen, um sich in seine Lage hineinzuversetzen.

- haben klar definierte Gesprächsziele und können mit guten Argumenten überzeugen.
- hören zu, um ihr Gegenüber besser zu verstehen, und wissen, wie sie sich selbst besser verständlich machen.
- achten auf die Beziehung zum Gesprächspartner und kommunizieren so, dass die Beziehung gestärkt und nicht beschädigt wird.
- können mit Gefühlen, die in Gesprächen aufkommen, souverän umgehen; sowohl mit ihren eigenen als auch mit denen des Gegenübers.
- scheuen sich nicht vor heiklen Themen und wissen, wie sie schwierige Gespräche meistern.
- verfügen über persönliche Ausstrahlung und Charisma und können auf sich und ihre Ansichten aufmerksam machen.

Die zwölf häufigsten Fehler in Gesprächen

Infolge meines beruflichen Hintergrunds kann ich einfach nicht anders: Jeden Tag beobachte ich Menschen und ihre Gespräche miteinander. Und fast jeden Tag beobachte ich dabei sich anbahnende oder stattfindende kommunikative Katastrophen. Damit Sie in keine Gesprächskatastrophe geraten, hier einige typische Fehler, die mir immer wieder auffallen. Behalten Sie sie im Hinterkopf und versuchen Sie, sie möglichst zu vermeiden!

1 Sie gehen in ein Gespräch und glauben bereits zu wissen, was Ihr Gegenüber sagen und wie das Gespräch ausgehen wird

Diese Herangehensweise steht schon vom Prinzip her im direkten Gegensatz zu einem Gespräch. Denn wozu sollte das Gespräch überhaupt noch dienen, wenn Sie vom Gegenüber gar nichts mehr erfahren wollen und für Sie bereits feststeht, welches Ergebnis das Gespräch haben wird? Dann braucht es doch gar nicht mehr stattzufinden. – Ganz abgesehen davon führt das im schlechtesten Fall dazu, dass Sie von Ihrem Gesprächspartner regelrecht überrumpelt werden. Nämlich dann, wenn er entgegen Ihren Erwartungen etwas gänzlich anderes zu sagen hat und das Gespräch einen völlig anderen Verlauf nimmt, als Sie dachten. Außerdem schließen Sie damit von vornherein sämtliche Alternativen aus. Und das ist nie eine gute Idee.

2 Sie sind unaufmerksam und hören Ihrem Gegenüber nicht richtig zu

Oft passiert uns das gar nicht mit böser Absicht, sondern weil wir abgelenkt oder unkonzentriert sind oder in Gedanken schon unsere eigenen Aussagen vorformulieren. Was auch immer der Grund dafür ist, fehlende Aufmerksamkeit und Nicht-Zuhören schaden dem Gespräch und Ihrer persönlichen Wirkung. Denn viel häufiger, als wir denken, bemerkt das Gegenüber diesen Fauxpas und fühlt sich dann nicht richtig wertgeschätzt und ist enttäuscht oder verärgert. Eine Klärung in der Sache ist dann nicht nur wegen der überhörten oder missverstandenen Informationen erschwert, sondern auch wegen der belasteten Beziehung zum Gegenüber.

3 Sie hören sich selbst nicht zu und nehmen Ihr Verhalten und Ihre eigene Wirkung nicht bewusst wahr

Dieses Problem wird gern unterschätzt, dabei kann man es überraschend häufig beobachten. Gerade in angeregten oder hitzigen Diskussionen passiert es uns, dass wir nicht bemerken, wie wir in diesem Moment auf unser Gegenüber wirken und wie unsere Worte bei ihm ankommen. Wir merken zum Beispiel gar nicht, dass wir uns vor lauter Aufregung mehrfach wiederholen, widersprüchliche Aussagen machen oder unser Gegenüber persönlich angreifen. Und statt begeistert und engagiert wirken wir auf unseren Gesprächspartner überdreht und übergriffig. Hinzu kommt dann oft die fehlende Aufmerksamkeit für die Reaktionen des Gegenübers, sodass wir dessen Irritationen gar nicht bemerken und unbeirrt fortfahren.

4 Sie haben nur ein Ziel: als Sieger aus dem Gespräch hervorzugehen

Wenn es Ihnen nicht um die Sache geht, sondern nur darum, eine rhetorische Auseinandersetzung für sich zu entscheiden, dann ist das Gespräch schon gescheitert, bevor es begonnen hat. Selbst dann, wenn Sie Ihr Ziel erreichen. Doch gewonnen haben Sie damit in Wirklichkeit nichts. In der Sache nicht und in Ihrer Beziehung zum Gegenüber erst recht nicht.

5 Sie stellen sich nicht auf Ihr Gegenüber ein

Wie oft habe ich schon Gesprächssituationen erlebt, in denen für Außenstehende völlig klar war, dass hier keinerlei Verständigung zustande kommen kann, weil der Sprechende zwar viel zu sagen hat, doch seinen Gesprächspartner damit überhaupt nicht erreicht. Typisches Beispiel ist ein Verkäufer, der hundertprozentig am Bedarf des Kunden vorbei argumentiert. Er will dem Kunden ein teures Premiumprodukt verkaufen, dabei sucht dieser eine günstige und einfache Variante für seine Kinder. Egal wie gut die Qualität des Produktes ist, die Argumente kommen einfach nicht an, weil sie den Bedarf des Kunden überhaupt nicht ansprechen.

6 Sie verstehen Ihr Gegenüber nicht, versuchen jedoch keine Klärung durch Nach- oder Zwischenfragen

Manchmal wollen wir uns nicht die Blöße geben, dass wir etwas inhaltlich nicht verstanden oder für einen Moment nicht richtig zugehört haben. Und dann fragen wir lieber nicht nach und hoffen, dass wir im Verlaufe des Gesprächs schon noch herausfinden werden, was gemeint war. Doch das klappt nicht immer und dann stehen wir doppelt schlecht da: Erstens können wir das Gespräch nicht souverän fortführen, weil uns der inhaltliche Anschluss fehlt und wir unsicher sind, was bereits gesagt wurde und was nicht. Und zweitens merkt unser Gesprächspartner irgendwann wahrscheinlich, dass wir auf dem Schlauch stehen, und wir hinterlassen einen unvorteilhaften Eindruck, weil wir nicht nachgefragt haben. Und im schlimmsten Fall entstehen daraus große und folgenreiche Missverständnisse.

7 Sie sagen nichts

Damit meine ich zweierlei: Zum einen beobachte ich sehr häufig, dass auch kluge und engagierte Menschen in Gesprächen oder Gesprächsrunden kaum ein Wort sagen. Anstatt sich und ihre Ideen hörbar einzubringen, bleiben sie freundlich und zurückhaltend, hören ihrem Gegenüber höflich zu und überlassen ihm die Gesprächsführung. Zum Gesprächserfolg tragen sie auf diese Weise kaum etwas bei und ihre Ideen und Vorschläge bleiben bloße Gedankenspiele. Dem Gesprächsergebnis und der persönlichen Wirkung ist dies sicherlich nicht zuträglich. Zum anderen sagen viele Menschen noch auf andere Art und Weise nichts, nämlich indem sie unendlich viele nichtssagende Sätze aneinanderreihen, sich von einer leeren Floskel zur anderen hangeln, die nur unterbrochen werden von belanglosen Gemeinplätzen. So kann kein Gespräch zu einem guten Ende geführt werden und niemand, der so auftritt, wirkt souverän und überzeugend.

8 Sie kommunizieren unglaubwürdig

Sobald ich in Gesprächen bemerke, dass jemand sich absichtlich unklar ausdrückt, ausweichend formuliert oder widersprüchliche Aussagen macht, ist dessen Glaubwürdigkeit für mich dahin. Und damit ist letztlich das gesamte Gespräch nichts mehr wert, denn alle Erkenntnisse, Vereinbarungen, Zusicherungen stehen auf tönernen Füßen, da ich meinem Gegenüber keinen Glauben schenken kann.

9 Sie verschaffen sich mit unfairen Tricks einen Vorteil

Es ist zwar verlockend, doch letztlich niemals zielführend, wenn Sie im Gespräch mit unfairen rhetorischen Mitteln einen Vorteil erzielen. Denn dieser Vorteil wird keinen Bestand haben. Sowohl inhaltlich als auch auf persönlicher Ebene ist ein Ergebnis, das auf falschen Voraussetzungen beruht, nicht tragfähig. Der Schaden ist auf beiden Ebenen immens.

10 Sie gehen unvorbereitet in ein wichtiges Gespräch

Es gibt etliche Gespräche, bei denen viel auf dem Spiel steht: eine entscheidende geschäftliche Verhandlung, ein Vorstellungsgespräch, ein Kritikgespräch, eine Expertendiskussion, ein Patientengespräch oder ein Konfliktgespräch. In all diesen Fällen kann es fatale Folgen haben, wenn diese Gespräche misslingen, weil wir uns nicht gut (genug) darauf vorbereitet haben. Wichtig dabei: Die Vorbereitung betrifft nicht nur die Inhalte und Ihre eigenen Zielstellungen, sondern ebenso die teilnehmenden Personen. Denn insbesondere in schwierigen Gesprächen kommt es darauf an, sein Gegenüber möglichst gut zu kennen, sich in seine Perspektive hineindenken zu können und die eigene Gesprächsführung darauf abzustimmen.

11 Sie führen zu viele Gespräche

Man kann Dinge auch zerreden. Das kennen Sie sicherlich aus eigener Erfahrung. Wenn in Beziehungen oder in beruflichen Meetings zum x-ten Mal ein und dasselbe Problem durchgekaut wird, ohne dass es irgendeinen Fortschritt gibt, dann ist es irgendwann einfach zu viel. Souverän handeln kann deshalb auch bedeuten, ein Gespräch nicht zu führen.

12 Sie führen zu wenige Gespräche

Zu viele Gespräche sind eher ein kleineres Problem, das größere Problem sind die Gespräche, die nicht geführt werden, obwohl es dringend notwendig wäre. Es gibt viele Gründe, warum wichtige oder heikle Gespräche verschoben oder gar nicht geführt werden. Doch im Normalfall wiegt keiner dieser Gründe schwerer als die zu besprechende Sache. Wem es hier dauerhaft nicht gelingt, Mut zu fassen und die Initiative zu ergreifen, der setzt Beziehungen aufs Spiel, verhindert Lösungen und gegenseitige Verständigung und untergräbt damit seine persönliche Souveränität.

Nachwort

Kennen Sie das, wenn man ein und denselben Fehler immer und immer wieder macht? Anschließend sagt man sich, dass man es doch längst besser weiß, und versteht gar nicht, warum man wieder so gehandelt hat. Das ist ein Phänomen, von dem sich wohl kaum jemand ganz freisprechen kann. Es ist eben sehr schwierig, alte Gewohnheiten abzulegen und durch neue Verhaltensweisen zu ersetzen. Das betrifft in besonderer Weise unsere Kommunikation und unser persönliches Auftreten. Denn bis wir so weit sind, dass wir an diesen Stellen etwas ändern wollen, vergehen Jahre und Jahrzehnte, in denen wir unsere Gewohnheiten pflegen. Deshalb kann hier niemand etwas von einem Tag auf den anderen ändern.

Sie können jedoch einen Anfang machen. Genau das haben Sie bereits getan, als Sie dieses Buch gelesen haben. Das nötige Wissen haben Sie also, was fehlt, ist „nur" noch der Schritt von der Theorie zur Praxis. Dies ist der heikle Punkt, zugleich ist er Ihre Chance. Haben Sie sich schon einmal gefragt, warum es noch immer so vielen Menschen schwerfällt, souverän aufzutreten, obwohl das Wissen, wie es besser geht, für jedermann verfügbar ist? Es ist schließlich kein Geheimnis, wie wir mehr Souveränität entwickeln und unseren Kommunikationsstil verbessern können.

Die Frage lässt sich sehr einfach beantworten: Manche Menschen kümmern sich einfach nicht um die Wirkung ihrer Persönlichkeit, andere sind weitsichtiger und beschaffen sich das nötige Wissen. Doch viele davon wenden es trotzdem nicht an. In der alltäglichen Dynamik fallen sie dann doch wieder – wie eingangs beschrieben – in alte Gewohnheiten zurück und handeln wider besseres Wissen.

Souveränität verlangt das Bohren dicker Bretter

Mit dem Lesen eines Buches ist also – leider – noch nicht alles getan. Sie werden jedoch dann in besonderer Weise profitieren, wenn es Ihnen gelingt, Ihre Verhaltensweisen und Ihre Kommunikation immer wieder zu reflektieren. Fragen Sie sich beispielsweise nach wichtigen Gesprächen, was gut und was weniger gut gelaufen ist und warum das so war. Wenn Sie wirklich souveräner auftreten wollen, steht dem nichts im Wege. Außer Bequemlichkeit und alte Gewohnheiten. Dagegen helfen nur Entschlossenheit und permanentes Training. Ich verspreche Ihnen, wenn Sie am Ball bleiben, wird Ihnen ein souveräner Kommunikationsstil allmählich in Fleisch und Blut übergehen – und Ihr persönliches Auftreten wird sich deutlich verbessern.

Nutzen Sie also die Chance, sich von der Masse abzuheben, indem Sie Ihre Persönlichkeit und Ihr Verhalten immer wieder reflektieren und bewusst darauf achten, wie Sie auf andere Menschen wirken. Die einzelnen Stellschrauben und Instrumente stehen Ihnen zur Verfügung, Sie brauchen sie nur noch einzusetzen.

Ich wünsche Ihnen, dass Sie nicht nur Durchhaltevermögen beweisen, sondern auch viel Freude dabei haben, Ihre Persönlichkeit so einzusetzen, dass Sie souveräner auftreten und das bewirken, was Sie erzielen wollen.

Ihr
Stéphane Etrillard

Literaturangaben

Benien, Karl: *Schwierige Gespräche führen. Modelle für Beratungs-, Kritik- und Konfliktgespräche im Berufsalltag.* – Hamburg: Rowohlt, 2005

Booher, Dianna: *Communicate with Confidence!* – Colleyville: Booher Consultants, 2012

Brüggemeier, Beate: *Wertschätzende Kommunikation im Business. Wer sich öffnet, kommt weiter.* – Zürich: Midas Management Verlag, 2014

Dehner-Rau, Cornelia; Reddemann, Luise: *Gefühle besser verstehen: Wie sie entstehen – Was sie uns sagen – Wie sie uns stärken.* – Stuttgart: Georg Thieme Verlag, 2010

Elliot, Jay; Simon, William L.: *Steve Jobs iLeadership. Mit Charisma und Coolness an die Spitze.* – München: Ariston, 2011

Etrillard, Stéphane: *16 Impulse für mehr Souveränität: Best of Stéphane Etrillard Jubiläums-Edition.* – Fehmarn: Edition Forsbach, 2015

Etrillard, Stéphane: Auftritt und Wirkung: Souverän überzeugen –
im kleinen Kreis und vor großem Publikum. – Paderborn: Junfermann, 2015

Etrillard, Stéphane: Charisma. Einfach besser ankommen. 55 Fragen
und Antworten zum Mythos Charisma. Von grauen Mäusen und
echten Persönlichkeiten. – Paderborn: Junfermann, 2010

Etrillard, Stéphane: Coaching in Minutenschnelle: Wie Sie Ihre
Lösungen selber finden. – Fehmarn: Edition Forsbach, 2015

Etrillard, Stéphane: Das Unternehmermanifest: Vom Glück, sein
eigener Chef zu sein. – Zürich: Midas, 2017

Etrillard, Stéphane: Fair zum Ziel: Strategien für souveräne und
überzeugende Kommunikation. – Paderborn: Junfermann, 2014

Etrillard, Stéphane: Mit Diplomatie zum Ziel. Wie gute Beziehungen
Ihr Leben leichter machen. – Offenbach: Gabal, 2013

Etrillard, Stéphane: Prinzip Souveränität – Als souveräne Persönlichkeit sicher entscheiden und handeln. – Zürich: Midas Management
Verlag, 2014

Etrillard, Stéphane: Unternehmer-Souveränität: Leidenschaft,
Klarheit, Orientierung. – Zürich: Midas Management, 2016

Etrillard, Stéphane: Wenn ich weiß, wer ich bin, kann ich sein,
wie ich möchte: Der Weg zum souveränen Ich. – Salzburg: Goldegg,
2017

Etrillard, Stéphane: Work für Pay – Pay for Work: Eine Anleitung
zur profitablen Selbstvermarktung für Freiberufler, Selbstständige und
Unternehmer. – Göttingen: BusinessVillage, 2017

Frech, Verena: „Erkennen, fühlen, benennen ..." – Grundlagen der emotionalen Entwicklung im frühen Kindesalter www.kindergarten-paedagogik.de/1944.html (abgerufen am 13.09.2017)

Goleman, Daniel: Emotionale Intelligenz. – München: dtv, 2004

Hartig, Willfried: Moderne Rhetorik und Dialogik. – Heidelberg: Sauer, 1993

Hasson, Gill: Brilliant Communication Skills. – Harlow, London: Pearson, 2012

Hofmeister, Roman: Handbuch der Redekunst. – Weyarn: Seehamer Verlag, 1993

Lindemann, Gabriele; Heim, Vera: Erfolgsfaktor Menschlichkeit. Wertschätzend führen – wirksam kommunizieren. – Paderborn: Junfermann, 2011

Naumann, Frank: Die Kunst der Diplomatie. Zwanzig Gesetze für sanfte Sieger. – Reinbek: Rowohlt, 2008

Patterson, Kerry (u. a.): Heikle Gespräche. Worauf es ankommt, wenn viel auf dem Spiel steht. – Wien: Linde, 2012

Rosenberg, Marshall B.: Gewaltfreie Kommunikation: Aufrichtig und einfühlsam miteinander sprechen. – Paderborn: Junfermann, 2001

Rhode, Rudi; Meis, Mona Sabine; Bongartz, Ralf: Angriff ist die schlechteste Verteidigung: Der Weg zur kooperativen Konfliktbewältigung. – Paderborn: Junfermann, 2003

Schmidt-Tanger, Martina: Charisma-Coaching. Von der Ausstrahlungskraft zur Anziehungskraft. – Paderborn: Junfermann, 2009

Schulz von Thun, Friedemann: *Miteinander reden (Band I bis III)*. – Reinbek bei Hamburg: Rowohlt, 2001

Ueding, Gert: *Klassische Rhetorik*. – München: C.H. Beck, 2000

Ueding, Gert: *Moderne Rhetorik*. – München: C.H. Beck, 2000

Ueding, Gert: *Grundriss der Rhetorik*. – Stuttgart: Metzler, 1994

Weisbach, Christian-Rainer: *Professionelle Gesprächsführung*. – München: dtv, 2003

Stichwortverzeichnis

Über den Autor

Stéphane Etrillard zählt zu den meistgefragten international tätigen Business-Coaches. Der mehrsprachige Business-Philosoph, Trainer und Vortragsredner gilt als Experte für persönliche Souveränität und Unternehmer-Souveränität. Er lebt in der Kulturmetropole Berlin, wenn er sich nicht frische Inspiration für seinen Unternehmeralltag und seine Kunden in Sydney, Kalifornien, New York, Paris oder Tel Aviv holt. In seiner

Freizeit beschäftigt er sich leidenschaftlich mit Philosophie, Literatur und Klaviermusik und lernt mit großer Begeisterung das Klavierspielen. Sein einzigartiges Know-how ist seit bald 25 Jahren in der Beobachtung und Begleitung von mehreren Tausend Unternehmern, Experten, Künstlern, Führungs- und Nachwuchskräften aus unterschiedlichsten Branchen entstanden. Mit seinen Privatissima und Masterclasses im Bereich Rhetorik, Dialektik und Selbstvermarktung verhilft er seinen Kunden zu mehr Souveränität in allen Lebenslagen. Zu seinen Klienten zählen Vorstände, Topmanager, mittelständische Unternehmer, Solopreneure, Künstler, Freiberufler, Experten und Politiker. Er ist Autor von über 40 Büchern und Audio-Programmen und beliebter Interviewpartner für die Presse.

www.etrillard.com

SOUVERÄNITÄT FÜR DIE BESTEN

Wenn Sie an Persönlichkeitsentwicklung im Bereich Unternehmer-Souveränität, Souveränität und Rhetorik Interesse haben, sind Sie bei Stéphane Etrillard an der richtigen Adresse. Seit Jahren bietet er Weiterbildung für Unternehmer, Geschäftsführer, Vorstände, Führungskräfte, Fach- und Nachwuchskräfte zu seinen Kernthemen in Form von Vorträgen, Seminaren und Einzelcoachings an.

Unternehmer-Coach | Keynote Speaker | Top-Trainer | Executive Coach

Seine exklusiven und hochkarätigen Coachings und Seminare stehen seit Jahren unter dem Motto **Klasse statt Masse:**

UNTERNEHMER-SOUVERÄNITÄT

CHARISMA UND SOUVERÄNITÄT

SOUVERÄNE DIALEKTIK UND KÖRPERSPRACHE

RHETORIK UND DIALEKTIK PREMIUM

MIT DIPLOMATIE ZUM ZIEL

RHETORIKAUSBILDUNG

MASTERCLASSES

WORK FOR PAY | PAY FOR WORK

In Kleingruppen und durch intensives Üben erhalten Sie in diesen Coachings und Seminaren sofort anwendbares Praxiswissen und hilfreiches Feedback, mit dem Sie Ihre Stärken ausbauen können, egal, wo Sie heute stehen.

Ihre Zufriedenheitsgarantie: in den Privatissima max. 6 Teilnehmer

Kontakt:
Tel: +49 - (0)211 - 936 7777 - 0
www.etrillard.com | info@etrillard.com

Top Performance Group GmbH
Schloss Elbroich | Am Falder 4
D-40589 Düsseldorf